基本法見直しは日本農業再生の救世主たりうるか

―農政の新たな展開方向をめぐって―

編集代表
谷口 信和

編集担当
安藤 光義

筑波書房

日本農業年報編集委員会（50音順）

編集代表　谷口信和　（東京大学名誉教授）

編集委員　安藤光義　（東京大学大学院農学生命科学研究科教授）

石井圭一　（東北大学大学院農学研究科教授）

磯田　宏　（九州大学大学院農学研究院教授）

菅沼圭輔　（東京農業大学国際食料情報学部教授）

西山未真　（宇都宮大学農学部教授）

東山　寛　（北海道大学大学院農学研究院教授）

平澤明彦　（農林中金総合研究所理事研究員）

はしがき

食料・農業・農村基本法検証部会の最終取りまとめが出され、基本法の見直しに向けての動きが本格化している。基本法の見直しをめぐっては既に多くの論稿が出されているが、重要な論点として、①食料安全保障、②食料自給率向上、③食料安全保障の担い手、④適正な価格形成と直接所得補償、⑤みどりの食料システム戦略との関係、⑥機能し得る基本法農政体系の６点を挙げることができる。

日本農業年報69は「基本法見直しは日本農業再生の救世主たりうるか―農政の新たな展開方向をめぐって―」と題し、求められる基本法の方向について、食料安全保障の実現のための課題、国際的・歴史的な位置づけ、現場の生産者を中心とする関係者の方々の思いという３つの視点から検討を行うことにした。そこで本書は次の３部構成とした。総論「基本法見直しは転換期の歴史的課題に向き合っているか」（谷口信和）に続く、第Ⅰ部は食料安全保障を担保する基本法の見直しをどうとらえるか、第Ⅱ部は国際的な視点からみた基本法見直しの歴史的位置、第Ⅲ部は国民諸階層からみた基本法見直しへの期待である。以下ではタイトルを記して概要の紹介に代えさせていただく。

第Ⅰ部は、「基本法見直しは自給率向上・戦略備蓄に正面から向き合っているか」（柴田明夫)、「農基本法見直しにおける農業政策の批判的検討―多様な農業人材を中心に―」（安藤光義)、「農業所得の形成と適正価格―フランスのエガリム法制定の背景にみる所得支援のあり方―」（石井圭一)、「「環境政策」・「みどり戦略」の本命は有機農業」（久保田裕子)、「基本法体系の機能不全と見直しの論点」（東山寛）の５本からなる。あるべき政策の方向性を具体的に示す。

第Ⅱ部は、新自由主義的食料安全保障・「世界農業」化の破綻とパラダイム転換―フードレジーム論の視点からみた基本法見直し―」（磯田宏)、「EU農政における食料安全保障と環境・気候対策―基本法への示唆―」（平澤明彦)、「中国の食糧需給動向と「食糧安全保障法」の意義―日本農政が学ぶもの―」(菅沼圭輔) の３本である。国際的な動きと比して日本の動向は正しい方向に向かっているかを問いかける。

第Ⅲ部は、「生協からの「基本法見直しへの意見書」」(二村睦子)、「県単一農協での取り組みからみた基本法見直しの課題」(普天間朝重)、水田農業の位置づけをめぐって―飼料用米振興の視点から―」(信岡誠治)、「13の集落営農組織を再編統合しコミュニティによる持続可能な地域経済社会の実践」(徳永浩二)、「酪農危機を契機として食料安全保障の確立を」(井下英透)、「日本農業の未来は有機農業にあり」(舘野廣幸) の７本である。こうした現場の人々の思いや願いが反映された基本法になるのかどうか。

最後に、沖縄県農業の発展のためにご尽力されてきた普天間朝重氏が2023年12月17日に逝去されました。本書は同氏の遺稿となります。ここに謹んでご冥福をお祈りいたします。

編集担当：安藤光義

〔2023年12月19日　記〕

目 次

総論

基本法見直しは転換期の歴史的課題に向き合っているか

谷口　信和

1．2022 ～ 23年の非常事態をどうみるか―気候危機と二つの戦争

（1）2022 ～ 23年の非常事態をどうみるか―2010年からの連続的な変化の到達点

『日本農業年報69号』は昨年に引き続き「食料・農業・農村基本法の見直し」を取り上げることにした。極めて異例のことである。

その異例さは、第1に、2022 ～ 23年の日本と世界がおかれた情勢の異例さ＝気候変動（温暖化）の気候危機（地球沸騰化）へのシフトと二つの戦争（ウクライナ戦争とガザ戦争）の同時・連続勃発という非常事態をどのように理解するかということに起因している。

第2に、基本法の見直しが「制定から約20年が経過し……食料安全保障にも関わる情勢の大きな変化や課題が顕在化した」[1)] ことを理由としているにも関わらず、食料安全保障の基本的な問題に正面から向き合って新たな基本法の制定に向かうのではなく、当面の対策構築に終始して、基本法の小規模かつ部分的な修正に止まることが必至となっているためである。

しかし、第1の非常事態の正確な理解に基づけば、早晩、当面の対策では片付かない状況の頻発が見通される下で、第2の基本法見直しについては、2024年の通常国会に提出が見込まれる基本法改正案が提出される前の時点で、新基本法策定をも見据えるような根本的な問題提起を行うことが必要だと判断したからである。

表総-1は、気候変動と二つの戦争が、新自由主義的なグローバリゼーションによってもたらされた世界経済をめぐる覇権のアメリカから中国などへの

表総-1　気候変動と戦争の視点からみたグローバリゼーションの到達点

年	気候変動（危機）	二つの戦争	世界経済	食料危機
2007		ハマスのガザ実効支配		
2008		ロシアのグルジア侵攻	リーマンショック	第 2 次世界食料危機
2010	気候レジームシフト発生		中国 GDP 世界第 2 位	
2011			BRICS 成立	
2013			中国・一帯一路政策	
2014		ロシアのクリミア侵攻 イスラエルのガザ侵攻		穀物・農業生産資材価格高止まり傾向
2015	COP21・1.5℃努力目標			
	SDGs 決定			
2018	グレタさん・金曜日スト			
2020			コロナ（パンデミック）ショック	
2021	COP26・1.5℃目標決定			
	温暖化＝人間活動（IPCC）			第 3 次世界食料危機／
2022	世界的な異常気象	ロシアのウクライナ侵攻		農産物・生産資材価格
2023	世界気温 1.48℃上昇	イスラエル・パレスチナ戦争	インド人口大国世界一	高騰・高止まり
			日本 GDP 世界第 4 位	

注：ロシアのウクライナ侵攻（戦争）を 2008 年のグルジア侵攻と 2014 年のクリミア侵攻の延長線上でとらえる視点（一種の反グローバリゼーション＝反西側ネットワークの形成）は手嶋龍一・佐藤優『ウクライナ戦争の嘘』中公新書ラクレ、2023 年に学んでいる。

出所：筆者作成。

シフトと密接不可分の関係にあり（中国を起点とするコロナパンデミックショックは世界経済に重大な後退をもたらし、世界の至るところでの分断と対立を深めた）、それらが2008年と2021～22年の世界食料危機の原因になっていることを示したものである。

そこでは、第１に、長期的な地球温暖化の下で発生している気候変動が2010年を起点とするレジームシフトを起こし、全世界での異常気象頻発の原因となるとともに、2022～23年にはCO2排出量が閾値を超えて、地球の平均気温が観測史上の最高水準に到達する気候危機（地球沸騰化）という不可逆的な過程に到達したことが示されている（産業革命後の気温上昇が2023年には1.48℃に達した）。COP26（2021年）で示された2050年のカーボンニュートラル目標も大事だが、直近の2030年までに何とかしないと取り返しのつかない状態に陥る危険性が極めて大きいとの指摘が現実味を帯びているのである（詳細は３で後述）。

第２に、2022～23年に連続して勃発したウクライナ戦争、パレスチナ・イスラエル戦争（ガザ戦争）はしばしば孤立的に捉えられ、欧米的自由民主主義VS権威主義的専制（独裁）の政治的対立の偶然の産物のようにみられがちだが、この二つの戦争はいずれも2007～08年に起点を有し、2014年のロシアのクリミア侵攻、イスラエルのガザ侵攻を直接の契機として続いてきた紛争の結末として理解することが必要である。

ロシアのクリミア侵攻は西側発のグローバリゼーションがウクライナに到達して（マイダン革命によるEU傾斜）、ロシアとの間に政治的・経済的な対立・緊張が生まれたことが背景にあり、そこに2013年に始まる中国の一帯一路政策に基づくウクライナを経由してのEUへのグローバリゼーションの影響が加わる複雑な性格をもったものである[2)]。

また、2023年の突然のハマスによるイスラエル侵攻は、2014年のイスラエルによるガザ侵攻で強化された封鎖政策に2020～22年のコロナパンデミック禍が加わって深刻の度を極めたガザ地区の経済的な困窮が有力な背景にあるとみられる[3)]。

したがって、第３に、以上の二つの非常事態は2008年のリーマンショックと2010年の中国のGDP世界第２位への浮上から2011年のBRICS成立に至る新自由主義的グローバリゼーションの結末＝アメリカの覇権の後退と中国などBRICSの台頭と密接な関係をもっているものとみることができる。その際の重要なポイントはアメリカやEUの人口規模をはるかに超える人口大国の中国がアメリカと覇権を争うところまで経済の規模を拡大したことであり、BRICSの一員であるインドが2021年には経済成長率で中国を追い抜くとともに、2023年には中国を超える世界一の人口大国になったことである。

第４に、以上のような文脈でとらえれば、2008年と2021～23年に発生した世界食料危機はいずれも中国の穀物期末在庫率の特異な動きによって惹起された新自由主義的グローバリゼーションの一つの帰結に他ならず、今後のBRICS～グローバルサウスの経済成長の見通しからみて繰り返し発生する可能性の高い現象だと理解することが許されるであろう。

以上のような気候危機と二つの戦争の勃発という二つの非常事態の検討から導かれる結論は、前者の気候危機という地球の存続条件に関わる非常事態への対応とともに、後者の世界的な戦争と地政学的な流動的状況に対応できるような長期にわたる食料安全保障を早急に確立することが目下の農政の最重要課題だということである。だとすれば、みどり新法と改正基本法の併存といった方向ではなく、みどり新法と食料安全保障法を組み込んだ新たな食料・農業・農村基本法の策定が必要だと思われる。しかし、現実は上述のように基本法の見直しという部分的な修正に止まることが必至な状況である。そこで、基本法見直しのこれまでの経過を簡単に整理しておこう。

(2) 基本法見直しの経過にみる錯綜—基本法見直しと政策の展開方向の独往性

すでに筆者は参考文献に示したように、基本法見直しの経過にそった折々に論評を加え、基本法は部分的な改正ではなく、新法として根本的に刷新すべきことを指摘してきた[4)]。しかし、大局的にいえば、農水省の基本法検証部会における検討は、一方でもっぱら基本法の部分的な見直しに止まるとともに、他方ではその検討は農水省の当初提案を深化させ、議論を通じて新たな着地点を探り出すということからは程遠く、言いっ放しの議論を繰り返すとともに、結局は農水省の当初提案をその都度の検証部会の確認事項とするとともに、それをそのまま束ねて最終取りまとめに結実させたものに止まった感が強い。

これに対して、自民党は農林水産関係合同会議等を通じて、一方で基本法見直しの大枠についての提言をするとともに（しかし、内容については乏しい）、他方では当面の対策に重点を絞って具体的な政策提案を行ってきた[5)]。

その結果、「基本法の改正の方向」と「新たな食料・農業・農村政策の展開方向に基づく具体的な施策の方向」との相互関連が不明確なまま、後者について先行的に政策の具体化（新法の制定や既存法の改正、令和６年度予算

表総-2　基本法見直しの経過をめぐる農水省・自民党＝官邸の対応

年	月	日	農水省（検証部会）	自民党（合同会議）＝官邸（基盤強化本部）
2022	9	9		（官邸）基本法見直し開始を宣言
	10	18	第１回検証部会	
	11	30		（自民党）食料安保政策大綱策定と基本法見直し提言 B1
	12	27		（官邸）食料安全保障強化政策大綱 B2
2023	5	17		（自民党）食料・農業・農村政策の新たな展開方向（案）B3
	5	19	第 15 回検証部会（中間取りまとめ案）A1	
	5	29	第 16 回検証部会（中間取りまとめ）A2	
	6	2		（官邸）食料・農業・農村政策の新たな展開方向 B4
	6	23	国民からの意見募集～7 月 22 日	
	6	16		グランドデザイン・骨太の方針への反映
	7	14	地方意見交換会～8 月 8 日まで	
	9	11	合同会議・最終取りまとめ A3	
	11	30		（自民党）「展開方向」に基づく具体的な政策の内容（案）B5
	12	14		（自民党）「展開方向に基づく基本法改正の具体的な方向性についての提言」B6 （自民党）「具体的な施策の内容」「施策の工程表」B7

注：検証部会とは食料・農業・農村政策審議会検証部会、合同会議とは自民党の農林水産関係合同会議等、基盤強化本部とは官邸の食料安定供給・農林水産業基盤強化本部の略称である。
出所：筆者作成。

への反映）が進められ、前者がそれを後追いする構造になっている。つまり、基本法における基本理念の再検討と熟議を踏まえて、対応する食料・農業・農村政策が長期的な視点をもって構築されるのではなく、いわばつまみ食い的に当面の対策が矢継ぎ早に打ち出されているのが実態といわざるをえない。以上の点を**表総-2**に基づいてやや詳しくトレースしておこう。

1）農水省（検証部会）と自民党（農林水産関係合同会議）・官邸（基盤強化本部）の関係

そもそも、食料安全保障を軸にした基本法の見直しは2022年５月19日の自民党提言で口火が切られたものだから、政府＝官邸の方針策定に先行して自民党（与党）提言が出され、その影響下に官邸の方針が決定されるというプロセス自体は通常の政策決定方式である。しかし、2022年９月に官邸の決定で基本法の見直しが宣言され、食料・農業・農村政策審議会基本法検証部会で「基本法」に則って見直し＝検証が開始された後では、見直しの主導権は検証部会⇒政策審議会⇒農林水産省がもち、そこでの整理を経て農水省＝官邸が自民党との調整を行って農水省案＝政府案を決定するのが筋であろう。

検証部会での検討は2022年10月に開始され、2023年５月29日の中間取りまとめ、６月～８月の国民からの意見募集と地方意見交換会を経て、９月11日に最終決定された。ところが、検証部会での最終取りまとめA3をはるかに遡る６月２日に官邸において「食料・農業・農村政策の新たな展開方向」B4が決定され、基本法の理念などについては全く触れられることなく、基本法の見直しで追加または見直しが必要な事項についての施策の方向性が示されている。しかも、B4の内容はそれを遡る５月17日の自民党の「食料・農業・農村政策の展開方向（案)」B3と基本的に同じであることだ。

そして、この延長線上で11月30日には「展開方向」B4に基づく具体的な政策の方向（案）B5が提示され、12月14日にはこの（案）が取れたB7が提出されるとともに、ここに至って初めて「展開方向に基づく基本法改正の具体的な方向性についての提言」B6が提出されることになった。しかし、B6でも見直しに関わる３項（１食料安全保障の抜本的な強化、２環境と調和のとれた産業への転換、３人口減少下における生産水準の維持・発展、地域コミュニティの維持）が提示され、想定される具体的な施策との関連で基本法見直しの論点への対応方向が示されているが、基本理念の全体的な構造が全く不明なまま、個々の論点が羅列されているという感が拭えないであろう。

要約すれば、第１に、官邸の文書は政策審議会検証部会などの議論＝文書の影響を受けずに、自民党の政策文書に沿って決定されている。第２に、自民党の政策文書は農水省の基本法検証部会などにおける審議に先行しており、官邸の決定に規定的な影響を与える関係に立っていることが明らかである。つまり、基本法見直しの実際のプロセスは現行基本法に基づく政策決定方式を無視して行われているといわざるをえないのである[6)]。

２）基本法検証部会を通じた基本法の見直しの進め方における問題

毎回の検証部会への農水省の説明文書＝論点整理は審議による修正をほとんど経ることなく、農水省の当初案のまま中間取りまとめ（案）が作成されたうえ、中間取りまとめ（案）は本質的な修正を受けずに中間取りまとめとされた。

しかも、２カ月もかけて実施した国民からの意見募集と地方意見交換会での意見は物流に関わる「ファーストワンマイル」の１箇所だけが、最終取りまとめに反映されたが、それ以外は全て言いっ放しのまま放置された。つまり、意見は聞くまでもなく、農水省の元々の案に含まれていたという立場なのだろうか。自民党による政策決定とその過程における政策審議会（基本法検証部会）の軽視、審議会自体の形骸化、パブコメ等の無視はここに極まったといわざるをえない。

ところで、自民党における政策策定は自民党のなかの新自由主義的な潮流と食料安全保障重視の「農林議員」の間での調整を経て、農水官僚の手によって成文化が行われているものとみられるから、農水官僚（農水省）の中のこの二つの潮流の調整＝折衷の結果を反映したものになると考えられる。そこで、以下の２では基本法の見直しをめぐって体系的な見解を相次いで公表された二人の元農水官僚トップのこの問題に対する見解を紹介することを通じて、基本法見直しをめぐる議論の幅を確認し、現実的な着地点についての見通しをつけることにしたい（なお、ここでは全中の立ち位置や意見についての検討を行ってはいないが、全中の意見はほぼ自民党の意見の枠内に収まっているものとみられる）。その上で、基本法の４つの重要問題について、今日的な情勢の下での筆者の見方を示し、それらの相互関連も含めながら新たな基本法の大枠を明らかにし、農政の基本理念の変更の方向性を示唆することにしたい。

（3）本年報の狙いと総論の課題

実は本年報（69号）の構成の企画をした段階で私の役割は事実上終わったと考えていた。Ⅰ～Ⅱ部の諸論稿を通じて、見直される基本法に対して、①どちらかといえば批判的だが、②決して言いっ放しの打撃的かつ一方的な意見ではなく、③建設的な意見が、④日本の食料・農業・農村の再生を願う立場から、⑤許されうる紙幅の制約の中でまとめられることを期待しているからである。読者がこれら全体の中から、日本の食料・農業・農村の再生に向けた微かな光明を見出されんことを希望している。

総論はそうした議論を束ねる上でのポイントと簡単なコメントを以下の2～5に示した4点に絞って整理し、第Ⅰ～Ⅱ部の諸論稿の理解に役立つことを目指した。なお、第9章に採録された日本生活協同組合連合会からの「基本法見直しへの意見書」の整理は、筆者の判断では現時点において最も大多数の国民の意見に近いところに位置しているのではないかと思われることを付記しておきたい。

2．農水省における新自由主義的農政と食料安全保障的農政のせめぎ合い―二人の事務次官の言説から

表総-3に、2016年6月から2018年7月まで農林水産事務次官を務めた奥原正明氏と2018年7月から2020年8月まで後任の事務次官だった末松広行氏の基本法見直しに関する見解の要点を整理した。奥原氏は農協改革の急先鋒として知られ、アベノミクス農政（新自由主義的農政）の牽引者であった。これに対して末松氏は初代の食料安全保障課長を務め、食料自給率向上政策に造詣が深いことで知られる。

両氏はたまたま、2023年4月に基本法見直しに関連する著作を出版されたことから、農水省内における有力な意見の幅を代表するものと判断してここに取り上げることにした[7)]。農水省とて政策立案に関わる官僚の意見は決して一枚岩というわけではなく、これだけの幅がある中で省としての統一的な見解が整理されているものと思われるからである。

第1に、両氏とも食料安全保障（食料の安定供給）についてこれまでの政策と実態を検証することの意義を認めている点では同じである。ただし、奥原氏は現行の基本法そのものの政策に問題はなく、政策をきちんと実行できなかったことが問題だという立場を取っている。末松氏は情勢変化と対応す

表総-3　二人の元農林水産事務次官の基本法見直しに関する立場

事項	奥原正明事務次官（2016.6～2018.7）	末松広行事務次官（2018.7～2020.8）
見直しの契機	ウクライナ侵攻 今後も食料の安定供給確保が可能かを検討すべき	情勢変化についてはしっかりと検証していく必要がある 食料安全保障の確立は日本の経済・農山漁村のあり方に関連する
低い食料自給率の原因	最大の要因は食生活の欧米化 これを除けば、農政の誤りが大きな要因 ①農業生産性＝国際競争力向上に注力してこなかった ②国内需要に合わせた生産調整を続けてきたこと ③輸出を本気で進めてこなかったこと これらを改めることが必要	○米飯食からパン食に移行したことではなく、肉類・油脂類の増加分を国内で生産することが難しかったことにある ○食料安全保障の基本は食料を自給することであり、カロリーベースの食料自給率を高めていくことが重要 ○備蓄の意義が拡大しており、籾米300万㌧を琵琶湖の底に沈める等のユニークな提案（大豆、家庭の備蓄を指摘）
現行基本法の問題	基本法に問題はなく、政策を実行できなかったのが問題 ①本格的農業経営者が生産の大宗を担う「望ましい農業構造」の構築 ②本格的農業経営者に農地利用の集積・集約化を図る ③本格的農業経営者が自由に経営展開できるように ④保護主義的な価格施策・補助金依存から脱却し、経営安定対策に移行	○直接支払による収入保険制度の方向に舵を切り、徐々に拡大していく漸進的な改革が必要 ○カロリーベースの食料自給率の拡大版として「必要カロリーベース自給率」を提案し、日本人が飢えないために430万haの水田が必要との試算を示している
基本法を踏まえた政策改革の進展	①2009年の農地法改正と2013年の農地バンクの設置 ②2015年農協改革法→2016年農業競争力強化プログラム制定。しかし、効果は出ていない ③2018年の生産調整目標配分廃止→価格政策から経営安定対策への移行は不徹底	○大豆・菜種等のバイオ燃料油脂作物復活に期待 ○2010年以降の農業総産出額増加に注目 ○外食産業で輸入野菜を国産野菜に転換する可能性指摘 ○国産農産物の価値に注目した輸出促進を図ることが重要
やるべき課題	①食料安定供給確保対策強化 ②担い手を中心とする農業者の経営維持対策（保険方式の経営安定対策） ③必要な生産資材を将来にわたって確保する対策 米政策を見直し、輸出振興等による生産拡大を最重視	○水田を守ることが食料安全保障の要。輸出・米粉用米などを積極的に進め、補完として飼料用米を位置づけることを提案

出所：以下の文献を下に、筆者作成。奥原正明「基本法の見直しを憂慮する」『農林水産法研究』2023年4月、1～15ページ、末松広行『日本の食料安全保障』育鵬社、2023年4月、1～253ページ。

る政策の関係についてはきちんと検証することを求めており、奥原氏とは異なっている。

このことを反映して、第２に、食料安全保障を脅かす低い食料自給率の原因とこれを克服する方向に関する見方はやや異なっている。奥原氏は現行基本法の政策体系には何ら問題はなく、食生活の欧米化という消費者の選択という最大の要因を除けば、国内需要に合わせた米の生産調整を続け、国際競争力向上に注力して、輸出を本気で進めてこなかったことに食料自給率が向上しなかった原因を見出している。そこから担い手を本格的な農業経営者に絞り、農地集積を進めて「望ましい農業構造」を構築すれば、輸出振興などを通じて国内生産は増大し、食料自給率向上は達成できるとしている。そしてその鍵が米政策の見直しにあるとする。

これに対して末松氏は、①食料安全保障の基本は食料の自給にあり、カロリーベースの自給率を向上させていくことが重要だとした上で、②自給率低下の主要因は米飯食からパン食への移行ではなく、肉類・油脂類の消費増加分を国内生産することが困難だったことに求めるべきである、③現行基本法下で生産者が高齢化・減少し、国内市場が縮小していることを一方的に強調するのではなく、2010年以降は「農業法人や売り上げを伸ばしている家族経営の農家の増加」に基づいて農業産出額が増加していることに着目して、今後の構造改革の方向を考えることが必要だとしている。

奥原氏がもっぱら米・水田農業の構造改革と食用米の輸出振興に基づく国内生産増大を基軸とした自給率向上の方向を提起しているのに対して、末松氏は2010年以降の農業産出額の増加[8]が輸入野菜の国産野菜による代替が進展していることに基づいている点に着目するとともに、大豆・菜種等のバイオ燃料油脂作物の復活に期待するなど[9]、米・水田農業以外への視野を有しているところが異なっているとみることができよう。

農業構造改革の必要性、輸出を重視する点においては両者の間に大きな差があるとはいえない。

ただし、第３に、米・水田政策の中味に立ち入ると両者の間には無視しえない差違が存在している。奥原氏には農地面積・水田面積を維持・拡大するという明確な姿勢が見られないのに対して、末松氏は自らが考案した「必要カロリーベース自給率」[10]が54～59％となる1988年頃のカロリーベース自給率の生産まで回復させることや[11]米だけで国民全体が必要とするカロリーを確保できる水田面積430万haを提起して、食料安全保障における水田・農地面積の維持・拡大の意義を強調しているからである。また、奥原氏は飼料用米についてはほとんど言及していないのに対して、末松氏は輸出・加工用米の積極的な推進と補完としての飼料用米の意義を提起していることなどが異なっているといえる。

第４に、奥原氏の議論には備蓄が登場しないのに対して、末松氏は琵琶湖の湖底に籾米300万トンを貯蔵するといったユニークな提案を始め、麦や飼料用とうもろこし、大豆等の備蓄の意義の拡大を指摘している。

以上のように、二人の議論には共通の部分も多いが、異なっている部分も少なからずみられる。検証部会の最終取りまとめはどちらかと言えば、発想と志向では奥原氏により近く、個々の政策提案では末松氏のものが取り入れられているのではないかという印象である。敢えて両者の間の距離で表現すれば、奥原氏側に70％、末松氏側に30％の位置に存在しているものと思われる。

この両者の間の差違を超克する新しい視点こそ、本稿冒頭で提起した最新の情勢認識＝新自由主義的グローバリゼーションの帰結としての気候危機（地球沸騰化）と二つの戦争（グローバリゼーションにおける覇権交代と国家・民族の分断と対立）の勃発という2022～23年の異常事態（ここからの脱出は2050年まで待てないという喫緊性を有する）に対する認識である。換言すれば、新自由主義的グローバリゼーションの呪縛からどこまで離れた見方に立つかが食料安全保障を軸とした新たな基本法を構想する上での出発点となるということである。なお、以下では気候危機についてのみ紹介し、二つの戦争については参考記事を記すに止めた[12]。

３．気候変動（温暖化）から気候危機（沸騰化）への移行が始まった―気候レジーム論からのアプローチ

（１）2010年における気候のレジームシフトと2022～23年の気候危機への移行

三重大学の立花義裕教授らの最新研究によって気候危機の現状を整理すれば、以下の通りである[13)]。

①2010年頃に北半球で気候のレジームシフト（気候ジャンプ）が起こった。過去65年間の７月の北日本の気温の観測値の統計解析から、2010年を境にしてそれまで寒い夏と暑い夏が交互に起きていたのが、それ以後は冷夏が全く発生しない状況＝気候のレジームシフトが起こった。

②2010年は地球レベルで観測史上最高の暑さを記録したが、その後もそれに近い暑さが継続して発生したところに、2023年は再び史上最高気温となった[14)]。

③2010年を境に海面水温も大きく上昇したことから、陸も海も高温となり農林水産業に大きな影響を与えるようになった。

④閾値を超えると温暖化による気温上昇が加速度的に進むことは理論的には（シミュレーションでは）分かっていたが、これが現実化したのが2010年だったと判断され、2023年はさらに大気温と海面水温の両者が史上最高という未知の領域＝気候危機の第２段目に突入した可能性が高い。IPCC（国際気候変動に関する政府間パネル）も2023年３月の報告でそれまでの「人間活動による温暖化の可能性が高い」という評価から「人間活動による温暖化は疑う余地がない」と断定するところに到達した。

⑤異常気象を起こす要因は地球温暖化にともなう気温上昇、北極の温暖化、エルニーニョ現象の３点セットである。地球温暖化の影響はユーラシア大陸北東部の高温化に鋭く現れ、冷たいベーリング海との温度差の拡大によって南北傾斜高気圧（上層・カムチャッカ半島付近、下層・北日本付近を中心とする）を発生させる。他方、北極の温暖化は低緯度帯との温度差を縮めるた

め、中緯度帯を流れる偏西風の速度が低下する結果、蛇行するようになる。他方、エルニーニョ（ラニーニャ）現象は熱帯赤道域・ペルー沖（フィリピン近海）の海水温の上昇のことだが、これは昔からある自然現象で３～５年の周期で発生する。エルニーニョもラニーニャも偏西風の蛇行を引きこすが、2023年は北極の温暖化とエルニーニョが同時発生したことで大変な異常気象を世界中に引き起こした。

⑥日本列島は四方を海に囲まれているので偏西風の蛇行により猛暑と爆弾低気圧の発生頻度が上がり、一部に干ばつも出現するが、線状降水（雪）帯という特有の現象をともなう豪雨や豪雪に見舞われることになる。

重要な点は「異常（アブノーマル）が普通（ニューノーマル）」になったのが地球沸騰化の現段階だということである。

（2）気候危機下における日本農業の課題―みどり戦略と基本法見直しの意義

ところで、気候変動への対応として2022年にはみどりの食料システム法が制定され、日本国内の農業～食品産業～消費者の枠内でCO2削減に向けた取り組みが始まっている。しかし、それにもかかわらず基本法の見直しが気候危機の問題を正面から取り上げる必要があるのは、第１に、みどりの食料システム戦略では食料消費の40％に相当する国産部分のCO2削減が課題とされてはいても、60％を超える輸入食品・農産物に関するCO2削減が検討の対象外におかれていて、地球全体のCO2削減への貢献という点での不十分性を有しているからである。

したがって、第２に、輸入食品・農産物を国産食品・農産物で代替して食料自給率を高めることがCO2削減に大きく貢献するという日本の特異性（先進国では最も食料自給率が低いため、フードマイレージの縮小がCO2削減に貢献する）を考慮すれば、食料安全保障と食料自給率向上を重要課題とすべき基本法の見直しは気候危機の問題を避けては通れないことになる。

そして、第３に、その際、気候危機の現れ方が欧米諸国とは異なるアジアモンスーン地帯に位置する日本の特殊性を考慮した食料自給率向上＝食料安全保障の設計が求められるからである。

こうした視点からすれば、上述のようにみどり新法と改正基本法の併存といった方向ではなく、みどり新法と食料安全保障法を組み込んだ新たな食料・農業・農村基本法の策定が必要である。すなわち、生産資材・農産物のグローバルサプライチェーン依存から脱却し、地産地消とローカルエコノミーへのシフトを通じた食料自給率向上が食料安全保障の最大の要だということに他ならない。しかし、以下ではもっぱら基本法見直しの観点から若干の問題提起を行いたい。

1）水田農業維持・拡大を基礎とした飼料用米・米粉用米の拡大

みどり戦略は本来、地球温暖化対応としてのアジアモンスーン型農業発展の構想であったから、水田農業の枠組みの最大限の活用にモンスーン型の意味があるといってよい。このことの基本法見直しの上での意味とは食料自給率向上に資する水田における濃厚飼料生産の飛躍的拡大である。その主要な作物はいうまでもなく飼料用米である。飼料用米の意義については第11章で詳説されるので、ここでは以下の諸点の指摘に止めたい。

第1に、水田に作付する飼料用米はいつでも主食用米生産に転換できる水田の維持に寄与することを通じて、食料安全保障の有力な土台となる。

第2に、自国の風土的条件に見合った濃厚飼料基盤に基づく日本型畜産の構築に寄与する。先進国の畜産・酪農の濃厚飼料基盤をみると、例えばドイツでは原料穀物全体の75％程度が麦類で（小麦30％、大麦26％、ライ麦11％）、これに対してトウモロコシは23％に止まっている。そして、麦類はほぼ100％自給だが、トウモロコシでも自給率は60％となっていて[15)]、自国の風土的条件や歴史的条件に見合った濃厚飼料の自給基盤を確保している。決してトウモロコシが主要濃厚飼料原料というわけではない。このドイツの麦類に相当するのは恐らく日本では米（飼料用米）に他ならない。

2022年あたりから日本では水田の畑地化とそこでの子実トウモロコシ生産が政策的に推進されている。元々の畑地での子実トウモロコシ生産は大いに結構だが、装置としての水田を無理に畑地化して、飼料用米から子実トウモロコシに転換する方向は気候危機への対応・適応の視点からすると問題を含んでいるというべきである。

第３に、米（主食用米・飼料用米）・麦・大豆の効果的な輪作体系を構築することによって、麦・大豆の連作障害を回避する技術の開発と普及が焦眉の課題である。

第４に、島国で四方を囲んだ海の表面温度の上昇により、気候危機の影響が集中豪雨・豪雪の形で現れやすい日本では、畦畔を有し、ダム機能をもつ水田（これは圃場規模の小さな水田の多い中山間地域だけに止まらず平地農村・都市的地域にもあてはまる）に国土保全・防災上の特別の意義あることを再確認する必要がある。

第５に、汎用化水田の普及は大きな意義があるが、普及には長期間かかり、多額の資本投下を要することから大きな期待はできないでであろう。

なお、米の消費拡大の方向として米粉用米が注目されている。粉食を基本とする小麦・ライ麦とは異なって、もっぱら粒食での摂取を基本としてきた米での粉食利用は小麦並みの汎用性が期待できる。伝統の呪縛から解放され、食用米の可能性を広げるものとして一層の研究開発・普及が期待されるところである。

2）中山間地域の新たな意義の発見

中山間地域はそこにおける農業がもつ多面的機能が注目され、政策的な支援が行われてきたが、他方では「条件不利地域」としての位置づけが前面に出され、耕境が後退する「限界地」と認識され、基本法見直しの中では大量に賦存する耕作放棄地の林地化や耕地の粗放的土地利用への移行が推奨されている。しかし、圃場の形状・大きさ、土壌条件などの簡易な改良を前提にしてのことだが、気候危機対応の新たな耕地の候補地としての再評価をすべきではないか。長野県の700～1200m程度の標高にある農地などの気象条件は北海道帯広市の平地の農地に類似している（白樺の自生地）。見方を変えれば、平地農業地域を含む一定地域内にある中山間地域は、平地農業地域の高緯度帯への移動と同じ標高差移動の可能性を提供するものと思われる。食料安全保障を組み込んだ基本法見直しとはこのような視点から中山間地域農地の再評価が必要ではないか。例えば、すでにある経営体による平地と中山間地域農地の同時利用の可能性を積極的に発掘することなどが考えられる。その際には「条件不利地域政策」の再検討を通じた新たな支援政策の構築が必要である。

4．国民一人一人の食料安保論の陥穽―歴史的課題の段階的飛び越しは困難

（1）食料安全保障の大前提から国民一人一人の食料安保論を考える

今回の基本法見直しの目玉の一つが「国民一人一人の食料安全保障の確立」であり、1996年のFAO世界食料サミットでの「国際的な定義」を採用したものであるという。これまでの農水省の食料安全保障の考え方は、1975年以来「食料の安定供給の確保＝国内生産体制の整備+安定的な輸入の確保+備蓄」として認識されており、表現は変わるものの、現行基本法でも踏襲されている。これまでの定義が供給側に着目した定義であったのに対して、見直しにおける新定義は、①国民（消費者）の視点に立って、②不測時に限らず平時も含めて、③十分な食料にアクセスできることを謳った点にあるとされている。

だが、この定義は以下のような問題を抱えているといわざるをえない。

第１に、今日の食料安全保障は不測の事態を仮定するレベルで構築されるべきものではなく、現実に２年連続で戦争が勃発しているような状況を前提にして平時から構築されねばならないからである。例えば、「家庭の経済安全保障＝高い年間所得＋安心できる水準の貯蓄」と考えると、「国家の食料安全保障＝高い食料自給率＋安心できる水準の備蓄」のように想定できる（輸入は除いてある）。高い食料自給率と安心できる高い備蓄水準の確保こそ、

食料安全保障の第1級でかつ不可欠の課題である。したがって、食料自給率38%の水準をどのようなプロセスで、いつまでに、どこまで引き上げていくかということが最大の眼目になるべきなのに、それらについての明確な説明がない上に、食料自給率指標が格下げされているという見直しの方向は全く理解できないというべきであろう。

第2に、こうしたボタンの掛け違えが起きたのは農水省が食料安全保障の定義の国際化を図ることに目が行き、主として食料へのアクセスが困難な途上国を重視するFAOの1996年の定義を十分な吟味なしに採用してしまったからである。本来ならば、FAOの他の定義のように、食料安全保障の供給面＝食料の物理的入手可能性＝食料生産の水準+備蓄の水準（在庫）+純貿易（純輸入）と理解して、この順序で重要性を評価すべきであった。つまり、食料安全保障にとっては第1番目に国内食料生産の水準（これは食料自給率水準に関係する)、第2番目に備蓄の水準、そして輸入は3番目に位置づけるべきなのである。これは現行基本法の位置づけと酷似しているが、備蓄が輸入の上位に位置づけられているところが異なっている。

だが、この差は決して小さくない。なぜなら、先の1975年以来の農水省の定義における備蓄は国内生産から構築されるものではなく、もっぱら輸入農産物から構築されるものと想定され続けてきたから、輸入の後に位置づけられていたのである。1995年に施行された新食糧法で初めて国産米の備蓄が制度として位置づけられたことを踏まえて、現行基本法の備蓄には輸入農産物だけでなく、国産農産物も含まれたことは前進であったが、食料の安定供給における序列は従来と同様に第3番目に止まっている。これでは、食料安全保障が直面している今日的な課題には十分に対応できないといわざるをえないであろう。

第3に、上述のように基本法見直しが食料自給率向上という根本的な課題をすっ飛ばして、いきなり一人一人の食料アクセスに行きついてしまったのは先のFAOの定義の前提たる食料の供給が「国内生産または輸入（食料援助を含む)」とされていたことに起因している。ここには備蓄が含まれていないこととは対照的に輸入には食料援助が含まれている。すなわち、備蓄などを構築するだけの余裕がない途上国を対象としているがゆえに、食料の供給源から備蓄が抜け落ちている反面、通常貿易を通じた食料の輸入に食料援助が重要な供給源として位置づけられているわけである。途上国は、一方で経済的な理由で安定的な輸入が確保できないリスクを抱えるとともに、他方では援助物資がきちんと現場まで届けられ、必要な者に分配されないといった横領や横取りといったリスクがあることが食料安全保障を考える上で、食料へのアクセスを重要課題として取り上げざるを得ないことがそこに反映されている。その結果、先進国に属する日本での平時の食料安全保障を考える上で最重要の国内生産の増大＝食料自給率の向上の課題をスルーして、輸入リスクの問題を筆頭の課題とすることになったといえる。ボタンの掛け違えはかくも深刻な結論をもたらすことになった。なお、平時の食料安全保障についての具体的な政策課題が詰められているとはいえない段階で、すでに不測時における食料供給確保対策に関する新たな法制度が取りまとめられ、2024年の通常国会に上程される見込みである。なぜそこまで急がねばならないのかを理解することは容易ではない。

（2）総合的な備蓄論の混迷とフェーズフリーの備蓄論

にもかかわらず、見直しで取り上げられた「総合的な備蓄の考え方」は首をひねるような内容である。すなわち、全てを国内の倉庫で保管するという考え方ではなく、①国内の生産余力、②国内の民間在庫、③海外の生産農地（日本向け契約栽培）、④海外の倉庫の在庫、⑤海外からの輸送過程までを総合的な備蓄と考えるというものだからである。まずは国内の在庫を安心できる水準で確保することを優先し、次いで国民的な大運動として、防災論におけるフェーズフリーの考え方を援用したフェーズフリーの備蓄に取り組むことを提起したい（備蓄主体としては家庭・学校・会社・こども食堂・農産物直売所・道の駅・コンビニ・スーパー・レストランなど多様な個人・組織が想定される）[16)]。また、ネットスーパーなどでは備蓄用の倉庫を貸し出す形での生鮮食品までを含めた多様な日配品の宅配が始まっており、実態的には備蓄の考え方が浸透しつつある。

5．適正な価格形成メカニズム論の困難性
―将来が展望できる所得補償の必要性

基本法の見直しにあたって現場の農業生産者や農業団体などにおいて最も関心をもたれたテーマは適正な価格形成メカニズムの構築を通じた農業生産資材価格高騰などによるコスト上昇分の農産物販売価格への転嫁問題であった。これに対する一般的な批判はコストの正確な把握そのものが決して容易ではないことと、最終的な消費者価格への転嫁＝上昇を消費者が受容するかという問題である。

市場を前提にすれば価格変動は不可避であり、これをその都度調整することは事後的にのみ可能である。したがって、価格変動の期間の長さと調整期間の長さによってはコスト上昇分の価格転嫁が間に合わず、農業経営の存続が脅かされる事態が発生する可能性を排除できない。したがって、短期的な生産資材価格等の高騰は価格転嫁ではなく、緊急対策による財政支援で切り抜けることが現実的であり、操作性の高い政策選択となるであろう。その際、全額を財政資金で賄う補助金型から、受益者が一定割合を負担する保険方式までの経営安定対策の多様な選択肢があり、セーフティネット機能を果たせるような基準価格の設定方式を構築することが必要であろう。

他方で、長期的な農業所得の確保を実現する上では短期的な需給関係に基づく市場価格決定方式から数年単位での再生産可能価格に基づいた所得補償＝直接支払いへの移行が最も現実的だが、これを実現する上では農業生産者（あるいは農協や出荷団体）が実需者との直接取引を行うか、EUで共通農業政策として実施されているように財政資金による各種の直接支払を導入することが多くの識者の指摘する方向である。前者は奥原氏が提唱する方向であり、後者は末松氏が勧める方式である。後者の場合、EUで実施できたのは

EU統合に際して6兆円程度のプール資金があったことが大きく、そうした財政資金をもたない日本の場合は直接支払の仕組みを順次拡大していき、国民の理解の下に国が財政負担していくことが必要だと末松氏は指摘している。

日本の場合には意外なことに直接支払は多様な政策を通じて導入されているものの、それらの受給者は複雑に入り組んでおり（個人と組織）、所得補償の意義が明瞭にはなっていない。また、中山間地域等直接支払のように多面的機能維持に対する環境支払いを条件不利地域対策（圃場の傾斜による生産条件格差是正）として実施するといったポリシーミックス的なものが多く、政策としての首尾一貫性や体系性が乏しい。したがって、一方では末松氏が指摘するように所得補償＝直接支払に充当する財政資金の確保を国民の納得を得ながら実現する方途を見出す努力が欠かせない。他方で多様な補助金体系の整理統合を進めながら、透明性の高い財政資金の投入方法を構築することが必要だと思われる。

当初計画では農地・担い手・基本計画のあり方などについてもコメントする予定だったが、紙幅も時間も尽きたので筆を擱くことにしたい。

注

1）基本法見直し「最終取りまとめ」p.1.

2）ウクライナ戦争勃発後の2022年4月に再開されたとうもろこしの最初の輸出先は話題になっていた食料不足に苦しむ北アフリカ諸国ではなく、豚肉需要の急拡大に対応してとうもろこし輸入を急拡大していた中国だったことに注意すべきである。2021年7月6日に武漢からキーウ（キエフ）に貨物列車の直行便（中欧班列）が初到着しており、一帯一路政策に基づいて中国と欧州の連携強化が図られていたからである。

3）コロナパンデミックに効果的に対応したイスラエルとは対照的に、住民の65％が貧困ライン以下で生活しているガザ地区の経済的貧窮はハマスの突然のイスラエル侵攻の直接的な要因ではないにしても、重要な背景として理解すべきだという。鈴木啓之（2023）p.5.

4）参考文献の谷口稿を参照されたい。

5）昨今の政党はどちらかといえば、高邁な理念に基づいた法律を制定することよりも、当面の緊急課題に対応し、予算措置をともなう対策の策定に努力を集中しがちである。とくに、今回の基本法見直し過程における自民党の対応にはそうした傾向が濃厚で、対策を具体化する中でそれらをまとめた政策理念を後づけする姿勢に終始している感が強い。

6）2023年６月２日の官邸文書「食料・農業・農村政策の新たな展開方向」B4までを踏まえて基本法見直しを検討した奥原正明氏は、第１に、審議会の基本法検証部会の取りまとめを無視して自民党・官邸の「新たな展開方向」がまとめられており、「審議会・基本法検証部会の検討は必要なかった」ということになる上に、第２に、「今回の見直しは、問題意識も明確ではなく、丁寧な議論もかけており、手順の面でも大きな問題がある」と指摘している。全く同感である。奥原（2023B）pp.2-3.

7）奥原正明氏には注６）のように、基本法見直しの事実上の取りまとめ（中間取りまとめ）までの経過を踏まえた論稿（2023B）があるが、表現に微妙なニュアンスの違いがあるものの、**表総-3**で取り上げた（2023A）との間に基本的な見解における変化はないので、**表総-3**は（2023A）によって整理した。

8）2010年以降の農産物産出額増加について谷口（2022）pp.9-11は2008～10年を転換点として畜産物の国内消費仕向量が増大し、これと連動する形で野菜の一部（葉茎菜類）や小麦でも同様の傾向がみられることを指摘しておいた。国内農産物市場が縮小しているという農水省の紋切り型の説明が事実に即しておらず、国内市場拡大の動きが国内農業生産にとって追い風となっていることを一つの背景として農産物産出額の増加傾向が発生していたからである。そこには食料自給率向上の可能性が潜んでいることが示されている。

9）末松（2023）pp.190-200、250-251.

10）必要カロリーベース自給率とは分母を「供給すべき必要カロリー」として固定した数値（例えば2400kcal）として、国産供給カロリーを除して算出するものだという。末松（2023）pp.242-245.

11）ちなみに1988年度の食料自給率（カロリーベース）は58％であり、耕地面積532万ha、田面積289万ha、水陸稲作付面積211万ha、水陸稲収穫量は1,035万tであった。

12）東郷・谷口（2024）.

13）立花・谷口（2023）、国立大学法人三重大学プレスリリース（2023）、天野未空ら（2023）等による。

14）地球レベルでの平均気温偏差（1891～2020年）に関する気象庁のデータ（2023年９月27日更新）による。

15）Statistik des BMELのWebによる2020/21年度の数字。

16）詳細な検討は谷口（2023A）で行っている。

引用・参考文献

谷口信和（2022）「年頭所感―みどり戦略と日本農業の再編」『農村と都市をむすぶ』１月号、pp.4-15.

谷口信和（2023A）「年頭所感　食料安全保障確立に向けた基本法の見直しとは何か―2023年農政の最大の課題」『農村と都市をむすぶ』１月号、pp.4-17.
谷口信和（2023B）「総論　新たな農業の基本法体系はどうあるべきか―求められる骨太の大胆な構想」『日本農業年報68　食料安保とみどり戦略を組み込んだ基本法改正へ―正念場を迎えた日本農政への提言』筑波書房、pp.1-20.
谷口信和（2023C）「基本法の見直しの神髄とは何か―みどり戦略を土台とした基本理念の確立　食料自給率の向上を通じた総合的な食料安全保障の確立―」『農業協同組合新聞』2023年２月10日号、pp.1-2.
谷口信和（2023D）「基本法改正はどう論じられるべきか―基本法検証部会の議論をめぐって」『農村と都市をむすぶ』５月号、pp.6-10.
谷口信和（2023E）「基本法改正の課題―研究者の立場から―」（農業協同組合研究会第１回研究会報告）『農業協同組合新聞』９月10日号、p.5.
谷口信和（2023F）「今回の穀物価格高騰の特徴をどのように理解するのか」『農村と都市をむすぶ』８・９月号（859号）、pp.28、41-43.
谷口信和（2023G）食料・農業・農村基本法見直しをめぐって　基本法見直し「中間取りまとめ」にかかる研究会」『農村と都市をむすぶ』2023年８・９月号（859号）、pp.48-54.
鈴木啓之（2023）「緊迫するガザ情勢」『UP』12月号、pp.1-6.
末松広行（2023）『日本の食料安全保障』青鵬社。
奥原正明（2023A）「基本法の見直しを憂慮する」『農林水産法研究　第１号』pp.1-15.
奥原正明（2023B）「続　基本法の見直しを憂慮する」『農林水産法研究　第２号』pp.1-25.
立花義裕・谷口信和（2023）「特別対談：2023年を振り返って　地球温暖化から地球沸騰化へ　いったい何が起きているのか　日本の食と農に問いかけるもの」『農業協同組合新聞』12月20日号、pp.1-2.
国立大学法人三重大学プレスリリース（2023）「2010年以降の猛暑頻発・冷夏不発生は、気候のレジームシフトが一因―温暖化に伴うレジームシフトが高気圧と偏西風蛇行を強めた―」pp.1-3.
天野未空・立花義裕・安藤雄太（2023）「2010年以降、北東ユーラシアにおける寒冷な夏の発生を気候レジームシフトが防いでいるかどうかの考察」Journal of Climate 2023年８月31日オンライン掲載https://journals.ametsoc.org/view/journals/clim/36/23/JCLI-D-23-0191.1.xml
東郷和彦・谷口信和（2024）「米国一強の驕り　きしむ世情」『農業協同組合新聞』2024年１月10日号、p.5.

〔2023年12月18日　記〕

第Ⅰ部

食料安保を担保する基本法の見直しをどうとらえるか

第1章

基本法見直しは自給率向上・戦略備蓄に正面から向き合っているか
—国民一人一人の食料安全保障の陥穽—

柴田　明夫

はじめに

我が国の食料安全保障をいかに確保するかは、我々国民の長年の課題であった。昨年（2022年）末より食料・農業・農村基本法の見直しを議論してきた基本法検証部会は、2024年の通常国会への法案提出に向けて、これまで精力的な検証を行い、様々な論点を明らかにしているかのように見える。しかし、議論はひたすら事象の羅列であり、世界的な食糧の安定供給が脅かされるなかで、国内生産の拡大をどう実現するかといった食料安全保障の議論の体系が見えてこない。いま生きている我々には、現在のことしか分からない。それゆえ、より不確かな将来を検討するためには、過去の十分な反省・検証によって補われる必要がある。フランスの詩人ポールヴァレリーはこれを「湖に浮かべてボートを漕ぐように、後ろ向きに未来に入ってゆく」と表現した。

基本法検証部会には、過去を謙虚に見つめ直して、その上で将来を計るという姿勢が見られない。今般の基本法見直しは自給率向上・戦略備蓄に正面から向き合っているか。本稿では、「国民一人一人の食料安全保障の陥穽」について取り上げてみたい。

食料・農業・農村審議会　答申　循環論法ではないか

食料・農業・農村基本法（以下「現行基本法」）の見直しを巡り、この（2023年）９月、食料・農業・農村政策審議会の答申が農林水産大臣に出された。同審議会は2022年９月29日、農林水産大臣からの諮問を受け、同日、

図1-1　食料・農業・農村政策審議会答申の構図

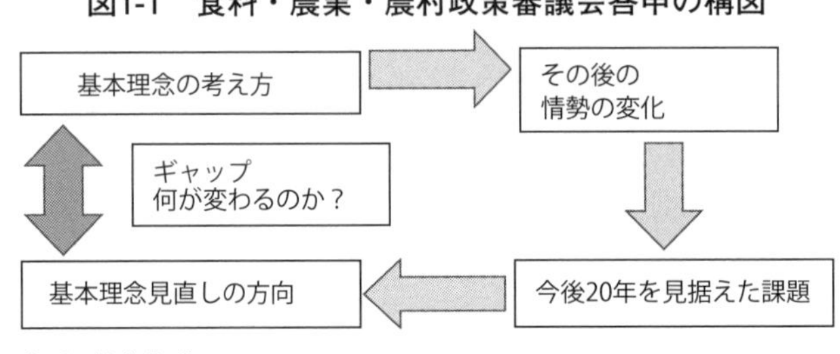

出所：筆者作成

基本法検証部会を設置し、これまで「現行基本法」の検証・見直しを行ってきたものだ。5月29日の「中間とりまとめ」発表までの8カ月間で計16回の議論の集大成という位置付けになる。しかし、答申の組み立ては、「現行基本法の基本的考え方」→「その後20年間の情勢変化」→「今後20年間を見据えた課題」→「現行基本法見直しの方向」といった形の繰り返しで、約50ページ全体が入れ子構造による循環論法になっている（**図1-1**）。特に、「基本的考え方」から「基本理念見直しの方向」との関係が図り難い。予め用意された言葉を羅列したとしか思えない。なぜそういう方向での見直しになるのかといった必然性が見えてこないのである。

答申では、現行基本法の基本理念の考え方について、「国民全体の視点から農業・農村に期待される役割として『食料の安定供給』と『多面的機能の発揮』があることを明確化しつつ、その役割を果たすために『農村の持続的発展』と『農村の振興』が必要であることを基本理念として位置付けた」としている。その上で、「食料の安定供給」については、国策の第一の理念として、「将来にわたって良質な食料を合理的な価格で供給すること」を掲げ、そのために「国内の農業生産の増大を図ることを基本としつつも、すべての食料供給を国内の農業生産で賄うことは現実に困難であることから、輸入および備蓄を適切に組み合わせて行わなければならない」と明記した。

「食料の安定供給と食料安全保障」の関係も、国民も経済的に豊かで、必要な食料を入手できる購買力があるという前提で、「平時においては、食料の安定供給さえ確保されれば、食料の安全保障は確保できる」という考えであった。言い換えれば、食料安全保障は、国際貿易が極度に制限されるような不測の事態が発生した場合に、不足分をどう調達するかという限定的な意味合いで用いられていた。しかし、現行基本法の制定から約20年が経過し情勢は変わった。

今回の答申で敢えて注目するとすれば、基本理念の見直しの方向として「食料安全保障」について現行法の基本理念を変更し、不測時に限らず「国民一人一人の食料安全保障の確立」を第１に取り上げた点であろう。答申は「平時からの食料安全保障の達成を図る」として、①食料の安定供給のための総合的な取組（国内農業生産の増大を基本としつつ、輸入の安定確保や備蓄の有効活用等も一層重視する）、②すべての国民が健康的な食生活を送るための食品アクセスの改善、③海外市場も視野に入れた産業への転換、④適正な価格形成に向けた仕組みの構築として、生産された農産物について、生産者、加工・流通事業者、小売事業者、消費者等からなる持続可能な食料システムを構築するとしている。

食料の安定供給といった場合には、まずは「必要な量」が確保できるか、という問題であるとすれば、①が決定的に重要であるが、これはすでに現行基本法で謳われている文言だ。ここで、筆者が疑問に思うのは、「国内農業生産の増大」の必要性を何故強調しないのかだ。農業者の高齢化・減少や農地や農業用排水施設等の農業生産基盤の老朽化を前提にしているのであれば、なおさら「国内農業生産の増大」に向け、農地・人（人財）・農業用水・水源涵養林・農村社会など農業資源のフル活用を図るのが筋だと思うのだが、そういう論点は抜け落ちている。②～④は新たに付け加えられた項目であり、③は農産物輸出拡大の話であるが、国内農業の弱体化が止まらない状況では、本末転倒である。④の適正価格の形成問題は、喫緊の課題であるが、話が食料システムという、「経済、社会および自然環境を含む」広い概念にまで広がってしまっており、具体化するには時間がかかりそうだ。

今回の答申を受け、政府は今後、来年の通常国会に提出する法案作成と具体策の検討を加速させる。議論が本格化するのは年明け（2024年１月）の通

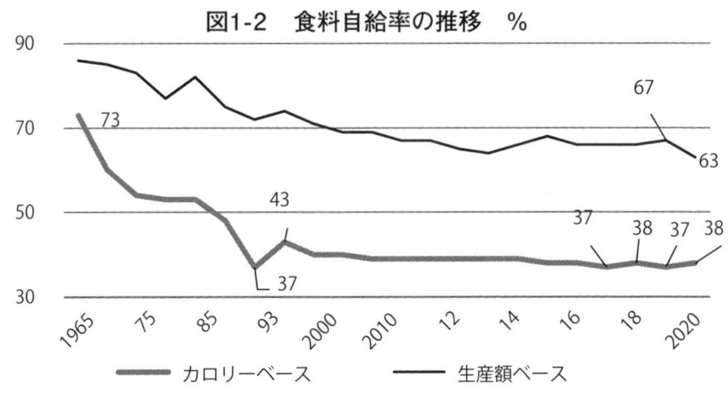

出所：農林水産省

常国会となる。それまでにまだ、議論の余地はある。以下では、食料自給率および戦略備蓄について、答申がどう位置付けているか確認してみたい。

食料自給率目標を明示せず　生産額ベースでも60%割れ

食料自給率の低迷が続いている。農林水産省は８月７日、2022年度の食料自給率（カロリーベース）が前年同水準の38％になったと発表した（**図1-2**）。小麦の作付面積が増えたものの、単収が振るわず収穫量が減少したことや魚介類の生産量の減少が影響したという。生産額ベースの自給率も58％と前年度から５％ポイント下がった。生産額ベースの自給率が60％を切るのは初めてのことで、農林水産省は「穀物等の国際価格の上昇による輸入額の増加が要因」といる。であるとすれば、これは構造的な問題であり、無作為であれば今後さらに生産額ベースの自給率は下がっていくことになる。

そもそも国内生産が弱体化している。国内農産物の産出額は1990年の11兆4,927 兆円をピークに、2010年の８兆円近辺まで減少傾向を辿った。2017年には９兆2,742 万円まで拡大したものの、その後は再び減少に転じ、2021年は８兆8,000 億円と、９兆円を割り込んでいる（**図1-3**）。農地や生産者（農家）の減少を映したものだ。

農林水産物の輸出も失速しつつある。農林水産省がまとめた2023年１－９

図1-3　農業生産額の推移　億円

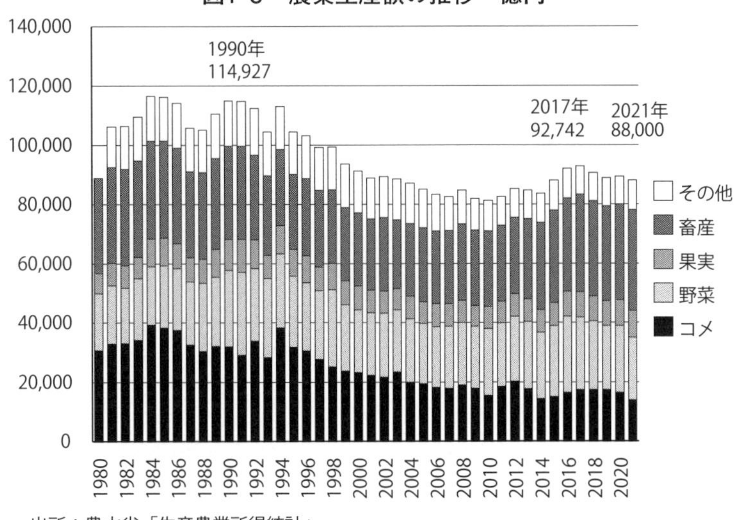

出所：農水省「生産農業所得統計」

月の農林水産物・食品の輸出実績は、前年比5.8％増の１兆531億円となった（**図1-4**）。全体の35％は加工食品で、アジア市場を中心に、コロナ禍からの行動制限解除による外食需要の高まりがあると指摘する。政府は、2025年に２兆円、2030年に５兆円への同輸出拡大を宣言している。しかし、８月24日より実施されたALPS処理水の海洋放出の対抗措置として、輸出額トップの中国が水産物全面輸入禁止を宣言したのに続き、２位の香港も10都県の水産物を輸入禁止にするなど暗雲が垂れ込めている。

そもそも、日本のように食料自給率の低い国が、輸出を目指す意味は何なのか。

現行基本法では、「国民が必要とする食料を確保していくためには、国内農業生産と輸入・備蓄を適切に組み合わせることが不可欠」としている。その上で、「食料の輸入依存度を高めていく方向ではなく、自国の農業資源を有効活用していくという観点で、国内の農業生産の増大を図ることを基本としていくべき」とし、食料自給率目標（2030年度45％）を位置付けている。しかし、政府が専ら進めてきたのは輸入の拡大（＝農業の外部化）であった。

図1-4　日本の農林水産物・食品輸出額の推移

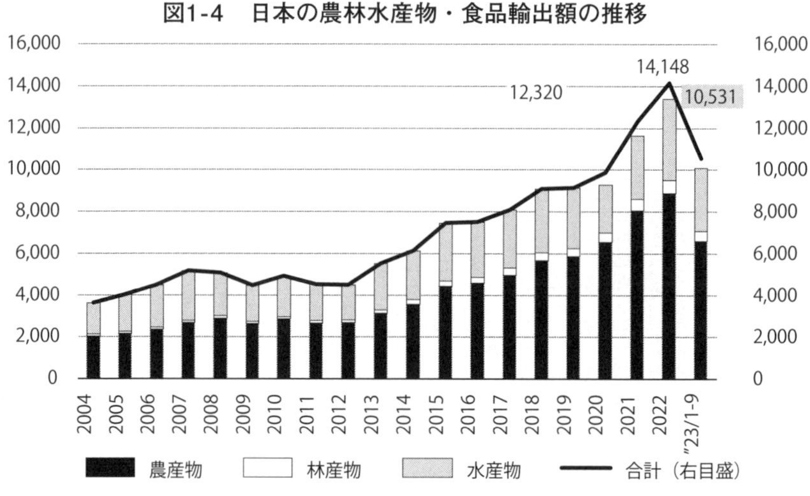

出所：農林水産省

確かに、1989年に東西冷戦が終焉し、1995年に世界貿易機関（WTO）がスタートしたことで地政学的リスクは消滅し、「経済合理性」だけを追求すればよい時代に入った。企業は労賃など生産コストの安い途上国に工場を移転し、安価な大量のエネルギーを使って輸送し始めた。農業も世界的な適地生産が進んだ。その中で、日本は安価で良質な食料をいくらでも海外から調達することができた。開かれた市場、安価なエネルギーを前提にした「大きな流通」への依存である。その代償は国内農業の衰退＝自給率の低下という形で現れることになった。

しかし、この構図は新型コロナ禍に伴う物流網の寸断、地球温暖化（脱炭素）対応に加え、ウクライナ戦争などにより過去のものとなった。そもそも工業製品に比べて安価で長期保存が難しい食料は、極めて地域限定的な資源であり、「国産国消」すなわち「小さな流通」が基本であろう。農産物の輸出拡大も必要だが最終目標ではない。持続可能な農産物輸出体制を構築することで、日本の農業資源（人、農地、水、水源涵養林、地域社会など）をフル活用し、地域農業の活性化と持続可能な発展を達成することが最終目標である。

一方、今回の答申は、食料自給率については、「現行基本法が制定されてからの情勢変化及び今後20年間を見据えた課題を踏まえると、輸入リスクが高まる中で、国内生産を効率的に増大する必要性は以前にも増している」と強調している。しかし、ここで止まらず、①国民一人一人の食料安全保障の確立、②輸入リスクが増大する中での食料の安定的な輸入、③肥料・エネルギー資源等食料自給率に反映されない生産資材等の安定供給、④国内だけでなく海外も視野に入れた農業・食品産業への転換、⑤持続可能な農業・食品産業への転換—等、基本理念や基本的施策について見直し、検討が必要なものが生じているとして、「必ずしも食料自給率だけでは直接に捉えきれないものがある」とトーンダウン。食料自給率目標は「国内生産と望ましい消費の姿に関する目標の一つ」というのだから訳が分からない。

備蓄施策　効果的かつ効率的な在り方を検討

備蓄について、答申での言及は少ない。「食料施策の見直しの方向」の中で、⑧備蓄施策として、「食料安全保障の観点から備蓄制度を有効活用していくため、輸入に依存している品目・物資についても、国内需要、国内の生産余力や民間在庫、海外での生産や保管状況、買い噴等の輸送、特定国からの輸入途絶リスク、財政負担等も総合的に考慮しつつ、適切な水準を含め、効果的かつ効率的な備蓄運営の在り方を検討する」としている。文字の少なさは、それだけ関心の低さを物語るのだろうか。とはいえ、これまで基本法検証部会での議論の過程でさまざまな意見が出たのも確かなようだ。

農水省は財政負担の問題から、あろうことか国が買って保管する備蓄米の水準引き下げを示唆している。現行の穀物備蓄については、国産米であれば100万t程度（財政負担490億円）としている。これは、「10年に一度の不作」（作況指数92）や、同94の不作が２年続く事態を想定したものだ。しかし、農水省・基本法検証部会は、穀物備蓄の全量を国内に保管する考えを見直し、民間在庫や海外の倉庫にある在庫、日本向け契約栽培分なども備蓄として評価するよう提起している。輸入小麦は現行では需要量の2.3カ月分に当たる

90万トン程度（約42億円）を備蓄している。過去の港湾ストライキによる輸送停滞などを踏まえ設定したものだ。トウモロコシなどの飼料穀物については100万t程度（約15億円）を備蓄する。不測時に輸入先を切り替えるまでの対応期間（海上輸送中の分と合わせ、需要量の約２カ月分）との建付けだ。

しかし、基本法検証部会では、これを経済合理性の名のもとに、軽減する方向で調整しようとしているのだ。気候変動など輸入リスクの高まりを考えれば、これまでよりも国内生産を重視し、備蓄も厚くするのが基本中の基本であろう。これまでは、不測の事態というのは輸出の中断など一時的なものという見方で、短い期間で対処できるという想定だった。だが、今や世界は変化している。気候変動や紛争などいくつもの要因が重なって、長期的に食料を輸入できない事態を想定しなければならなくなっている。日本は、食料安保を専ら輸入に頼ってきた結果、食料自給率は先進国のなかで最低水準にとどまることになった。だが、ロシアのウクライナ侵攻で食料安保のリスクが浮き彫りになった今、コストをかけて国内生産を増やして自給率を上げつつ、不測の事態への対応を整備する必要がある。

一方、不測の事態に対して、農水省は、小麦農家に増産を指示したり、花農家にカロリーの高いコメやイモへの生産転換を求めたりする。スーパーや商店に対し、あまりにも高額で食料を売らないように規制したり、消費者に対して買い占めの防止を図ったりすることなどを検討している動きもある。しかし、どういった手続きを踏んで価格統制をしようとしているのか不気味である。不測時の対応も大事だが、平時の食料安保はより重要だ。そもそも、農業の担い手不足が指摘される中で食料をどう増産するのか。農家の高齢化で耕作放棄地が増えているが、農地を誰に持たせ、どのように有効活用するのか。根本的な課題に対する道筋を明らかに示すべきだ。

なお、日本と対照的なのが中国だ。世界の穀物市場では過去６年連続の記録的生産の結果、穀物在庫は８億トン弱に積み上がっている。年間消費量に対する期末在庫率も27％と、国連食糧農業機関（FAO）が適正とする17～18％を大きく上回る。しかし問題は、この半分以上は中国の在庫であること

図1-5　世界の穀物在庫に占める中国（予測）（23/24年度末単位　万 t）

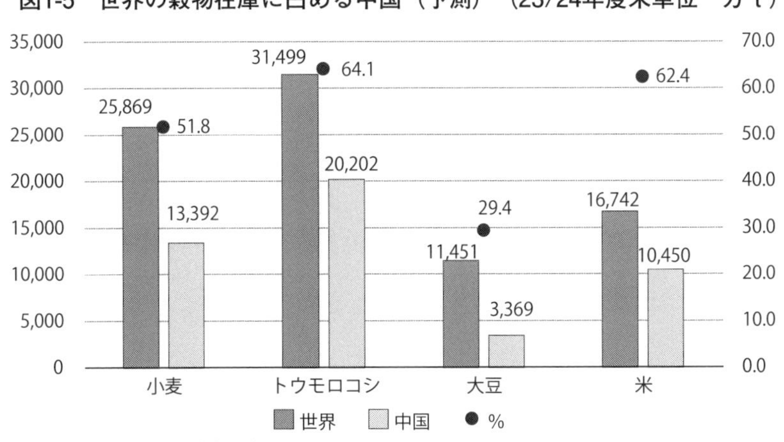

出所：米農務省より筆者作成

だ。米農務省の2023年11月需給報告によると、2023/24年度（23年後半～24年前半）の世界の小麦在庫２億5,869万tのうちの１億3,392万t（51.8％）、トウモロコシ３億1,499万tのうちの２億202万t（64.1％）、コメ１億6,742万tのうちの１億450万tが中国の在庫なのだ。中国は将来の食糧不安に備えて転ばぬ先の杖を５～10年先に付いて食糧安産保障戦略を進めているといえる。

「基本法の見直し」 語られていないものは何か

食料・農業・農村基本法の見直しに向けた一連の議論の過程では、食料・農業・農村政策について、「基本法制定当時（1999年）とは、前提となる社会情勢や今後の見通し等が変化している」と指摘の上で、「気候変動による食糧生産の不安定化や世界的な人口増加等に伴う食料争奪の激化、食料の『武器化』、災害の頻発化・激甚化等、食料がいつでも安価で輸入できる状況が続くわけではないことが明白となる中で、食料安全保障を抜本的に強化するための政策を確立する」と謳っている。

この見直しの前提となる基本認識はよいとしても、筆者には、今後の展開方向が一向に見えてこない。政策手法には、将来のあるべき姿を描き、そのための対策を示す「バックキャスト」と、過去の反省の上に立って今後の対策を打つ「フォアキャスト」とがある。答申で示されているのはもっぱら前者であり、「将来の希望」であり、過去の反省がない。華やかな目標設定は、足元の深刻な問題を隠ぺいすると同時に、将来に対する責任回避といえよう。新たな基本法を制定するというのであれば、現基本法下で進められてきた農業政策の反省の上に立って、新たな展開方向が語らなければならない。

特に、「現行基本法」見直しの流れに対し筆者は、「議論はひたすら事象の羅列であり、世界的な食料の安定供給が脅かされるなかで、これまで、「国内生産の拡大をどう実現するかといった食料安全保障の議論の体系が見えてこない」、検証部会には「過去を謙虚に見つめ直して将来を計るという姿勢が見られない」と、厳しい評価を下してきた。

では、「過去の謙虚な反省」とは具体的に何か。それは、「アベノミクス攻めの農政」すなわち、2012年12月から2020年９月まで７年８カ月にわたって続けられた「新自由主義農政」の是非である。その結果、日本の農業や農村、ひいては日本の食料市場・国民生活にどのような影響を及ぼしたのかが検証されなければならない。

「日本を取り戻す（Japan is Back）」として再登場した第２次安倍政権は、「三本の矢」（成長戦略、量的金融緩和、機動的財政出動）を掲げ、異次元の新自由主義政策を推し進める。新自由主義とは何よりも、「強力な私的所有権、自由市場、自由貿易を特徴とする制度的枠組みの範囲内で個々人の企業活動の自由とその能力とが無制約に発揮されることによって人類ン富と福利が最も増大する、と主張する政治経済的実践の理論である」（佐々木実著『竹中平蔵　市場と権力』）。

安倍政権下に続く菅・岸田による10年余の「新自由主義農政」が続いたことで、筆者は日本の農業・農村が後戻りのできない壊滅的な損傷を受けたとみている。ざっと振り返ると、2013年に「農林水産業・地域の活力創造本部」が設置され、グローバリゼーションの進展を前提とした農業構造改革の推進＝大規模経営の創出→農業の６次産業化→輸出拡大という「アベノミクス攻めの農政」が進められた。その年（2013）の３月にはTPP（環太平洋

図1-6　農業競争力強化プログラムと関連法案

農業競争力強化プログラム	関連法案
13の改革の柱	
①生産者の所得向上につながる生産資材価格形成の仕組みの見直し ―種子法廃止、種苗法見直し	1．農業競争力強化支援法
②生産者が有利な条件で安定取引を行うことができる流通・加工の業界構造の確立	2．土地改良法（改正）
③農政審時代に必要な人材力を強化するシステムの整備	3．農業機械化促進法（廃止）
④戦略的輸出体制の整備 ―農林漁業成長産業化ファンド（A-FIVE）	4．主要農産物種子法（廃止）
⑤すべての加工食品への原料原産地表示の導入	5．農村地域工業等導入促進法（改正）
⑥チェックオフ（生産者から拠出額を徴収し、農産物の販売促進などを行う）導入の検討	6．JAS（農林物資規格）法（改正）
⑦収入保険制度の導入	7．畜産経営安定法（改正）
⑧真に必要な基盤整備を円滑に行うための土地改良制度の見直し	8．農業災害補償法（改正）
⑨農村地域における農業者の就業構造改善の仕組み	
⑩飼料用米を促進するための取り組み	
⑪肉用牛・酪農の基盤強化	
⑫配合飼料安定価格制度の安定運営のための施策	
⑬牛乳・乳製品の生産・流通等の改革	

出所：農林水産省より筆者作成

パートナーシップ）加盟交渉参加を表明（TPP11の発効は2018年）し、その後も日豪EPA、日EU・EPA、日米自由貿易協定と自由化の道へ突き進む。

これに呼応するかたちで、国内では日本農業の体質強化の一環として安倍政権は2016年11月に「農業競争力強化プログラム」を策定した。改革の柱は13項目（**図1-6**）からなり、翌2017年の通常国会でこれを具体化するための８本の法律が制定された。①では、民間企業による種子の開発・供給体制を進めるために、それまで都道府県が担っていた安定した種子開発と安定供給を行う根拠であった主要農産物種子法の廃止が含まれる。さらにその延長には、民間企業が開発した種子の権利を保護するための種苗法の改正がある。②③に関しては、農業分野への民間企業参入促進のための諸施策と言えよう。特に、農協の共同購入・共同販売体制を弱体化させ、企業参入の余地拡大を狙ったものである。⑧の土地制度の改良も、民間企業の参入を含め農地の集積・集約化を進めるものと言える。「一体誰のための政策か」と問いたくなる。

正体は官邸主導による　日本農業弱体化

とはいえ、これだけを見れば、「攻めの農業」も一つの考え方のように思われる。しかし問題は、この改革案は、第2次安倍政権下では官邸が政策の大枠（グランドデザイン）を策定し、関係省庁はその「手足」として、それに基づく諸政策の細部を詰めるという「官邸主導」の政策決定が行われていることである。農業版でいえば、官邸が「農林水産業・地域の活力創造本部」（2013年5月設置）と同本部作成の「農林水産業・地域の活力創造プラン」（以下、活力創造プラン）がそうである。そこでの正式メンバーは、政府内の「産業競争力会議」や「規制改革会議」（2016年9月からは「未来投資会議」および「規制改革推進会議」）のメンバーである財界出身者や御用学者（規制改革派）で占められていることが問題なのだ。その前提には2015年10月のTPP大筋合意があり、農林水産省は「活力創造プラン」に基づいて施策を具体化する「下請け」とされている。

それでも、日本の農業・農村に活力が溢れているならば何ら問題はない。しかし、実態はなんとも悲惨でやり切れない。筆者は、日本農業の現状と官邸が作成した上記「活力創造プラン」とを比較すると、安倍善政権下で強硬に進められた「農業競争力強化プログラム」の実態は間違いなく「農業競争力弱体化プログラム」であったと見ている。幾つか具体例を示してみよう。

まず、「活力創造プラン」では、主目標として「農業・農村全体の所得を今後10年間で倍増させる」というものがある。これなどは正しくアベノミクスのプロパガンダ（宣伝）で、そもそも「農業・農村の所得」というものは定義がなく意味不明だ。百歩譲って農業総産出額でみると、2012年の8.5兆円から2021年の8.8兆円へと僅かに増えているが、これは国際農産物価格の上昇によるもので、国内主要農産物の生産量が増えたわけではない。

耕地面積は2012年の454万haから2023年430万haへと5.3％減った。農業就業人口は2012年の251.3万人が2018年168.1万人（以後統計発表無し）、農業経営体については、政府が重点を置く大規模経営や組織経営体の増加はみられるものの、それは日本農業の生産力低下を補うものになっていない。

構造改革に関して、担い手への農地集積率は2013年度の48.9％から2022年度59.6％に止まり、2023年度80％目標は達成できそうもない。

農林水産物・食品の輸出については、2019年までに１兆円を目指すとした目標は２年遅れの2021年度に達成（１兆2,320 億円）したものの、そこには、①異次元の金融緩和による円安、②輸出の大半を水産物（ホタテ、真珠）や加工食品（即席めん、清涼飲料水などが上位を占める、③輸出額が大きい菓子や小麦粉などの原料の多くは輸入品、などの問題がある。

６次産業化の市場規模については、2013年度の4.7兆円から2019年度の7.6兆円まで拡大したものの、2020年度目標の10兆円は削除された。加えて、６次産業化推進の中心的推進機関として位置付けられたA-FIVE（国と民間の共同出資による投資会社）は、投資実績が増えず、累積損失が多額に上ったため、2020年度末での新規投資は停止に追い込まれた。

これらの反省無しには、食料・農業・農村基本法の抜本的な見直しはありえない。

穀物価格は底値を探る展開から反転へ　集約化が進む多国籍アグリビジネス

一方、海外に目を転じると、穀物価格が高騰する要因として近年強まっているのが多国籍アグリビジネスによる業界再編・寡占化の動きである。特に、世界の農薬・種子業界では2018 ～ 2020年に急速な再編が進んでいる。

その背景には、①90年代後半のWTOスタート、規制緩和、知的所有権強化、金融自由化といった新自由主義的な産業競争力強化政策、②1996年（GMO元年）以降の農業バイオテクノロジー市場拡大、③2007 ～ 08年以降の食糧価格高騰―などがある。さらに、世界の食糧市場では2007 ～ 08年以降生じたアグフレーション（農産物インフレ）を契機に、世界的な農業開発ブームが起こった。特徴は、世界的な食糧の商品化、装置化（灌漑整備）、機械化、情報化（農業のビッグデータ化）、化学化（農薬肥料の多投入）、バイテク化（遺伝子組み換え作物など生物工学）による供給力の飛躍的拡大だ。

種子業界では、1996年のGMO（遺伝子組み換え作物）元年以降、農薬とGM種子を巡り世界をリードしてきたモンサントの名前が2018年６月に消えた。世界の種子産業界ではM＆Aを通じた再編が進んでいる（**図1-7**）。

図1-7　再編が加速する巨大農薬・種子業界

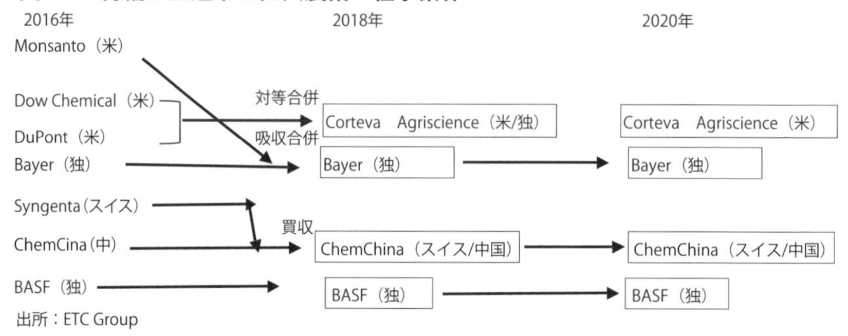

出所：ETC Group

調査会社ETCの“FOODBARONS 2020”によれば、2016年にはモンサント（米）、ダウ（米）、デユポン（米）、バイエル（独）、シンジェンタ（スイス）、ケムチャイナ（中）、BASF（独）のビッグ７体制から、2018年にはバイエルがモンサントを吸収合併、ダウとデユポンが対等合併しコルテバ（米/独）が誕生。スイスのシンジェンタは中国のケムチャイナに買収され、ビッグ３へと収斂。2020年の世界の種子市場規模450億ドルのうち、ビッグ３のシェアは47％を占める。農薬市場でも2020年の市場規模（624億ドル）の内、ケムチャイナ、バイエル、BASF、コルテバの４社で63％を占めている。

化学肥料、農業機械業界でも寡占化が進んでいる。化学肥料（チッソ、リン酸、カリ）の国際価格は、ロシアのウクライナ侵攻直後の高値からは落ち着いているものの、2023年５月時点でも高止まっている。世界の化学肥料産業は、チッソ・リン酸・カリの成分ごとに事情は異なる。①業界１位のAgrimuと４位のPotashiCorpの巨大合併で誕生したNutrien（加）、②チッソ肥料最大手のYara International（ノルウェー）、③リン酸肥料最大手で穀物メジャーCargill（米）から分社したMosaic（米）―など、上位３社のシェアは20％強（上位10社で38％）に止まる。ただ、北米のカリ肥料市場は、モザイクとCF Industriesの２社がほぼ独占し、世界のリン酸肥料市場は、３社で４分の１を占める。

農業機械では、Deere Company（米）、クボタ（日）、CNH（英）、AGCO（米）の４社で44％。これまで農業機械産業は、種子や農薬、肥料産業に比

表 1-1　主要企業の市場シェア（種子企業）

2020 年　45,000

種子企業	シェア%	100 万ﾄﾞﾙ
Bayer（独）	23.0	10,286
Corteva（米）	17.0	7,756
CemChina（中）	7.0	3,193
その他	53.0	23,765

出所：ETC Group

表 1-2　主要企業の市場シェア（農薬）

2020 年　62,400

農薬	シェア%	100 万ﾄﾞﾙ
ChemChina（中）	24.6	15,336
Byer（独）	16.0	9,976
BASF（独）	11.3	7,030
Corteva（米）	10.4	6,461
その他	37.7	23,597

表 1-3　主要企業の市場シェア（化学肥料）

2020 年　127,570

化学肥料　top10	シェア%	100 万ﾄﾞﾙ
Nutrien（加）	7.4	9,484
Yara International（ノルウェー）	7.4	9,423
Mosaic Company（米）	6.3	8,014
CF Industries Holding（米）	3.2	4,124
ICL Group（イスラエル）	3.0	3,769
PhosAgro（ロシア）	2.6	3,351
Sinofert（中）	2.4	3,099
Eurochem（スイス）	2.3	2,945
URLKRAIL（ロシア）	1.9	2,387
K+S Group（独）	1.5	1,940
	38%	

出所：ETC Group

表 1-4　主要企業の市場シェア（農業機械）

2020 年　127,800

農業機械	シェア%	100 万ﾄﾞﾙ
Deere Company（米）	17.5	22,325
KUBOTA（日）	11.0	14,140
CNH Industrial（英）	8.5	10,916
AGCO（米）	7.2	9,150
CLAAS（独）	3.6	4,609
Mahindra（印）	2.0	2,480
ISEKI（日）	1.1	1,399
SDF　Group（伊）	1.0	1,307
KUHN　Group（スイス）	0.9	1,164
YTO　Group（中）	0.7	984
	53%	

べて目立たない存在だったが、ここにきてデジタル農業（精密農業）の潮流下で俄かに注目を集めている。農業・農産物市場へは、Microsoft、Apple、IBM、Amazon、Facebook、Google、Alibaba、Tencentなど、巨大ITビジネスも参入しており、寡占化は業界を超えて加速しそうだ。

こうした、巨大多国籍アグリビジネスによる市場の囲い込みは、健全な競争が成立しないため、価格上昇を招きやすい。一般に、上位４社への市場占有率が40%を超えると、適正な価格競争や需給調整などが行われ、市場の競争環境が阻害され、売手や買手の利益、社会的な公正性を損なう傾向が強まるとの研究も指摘されている（Howard 2016)。当然それは生産コストアップ要因として子穀物はじめ農産物価格の押し上げ要因となる。

世界の農業資材市場のビッグデータ化、デジタル化

農業・農産物市場の囲い込みに向け、農薬・種子・化学肥料・農業機械が

連携（水平統合）に向かう中、Microsoft、Apple、IBM、Amazon、Facebook、Google、Alibaba、Tencentなど、巨大ITビジネスも参入している。この結果、あらゆる農業資源のデジタル化（ビッグデータ化）すなわち、遺伝情報、環境情報、営農情報の収集・解析・加工、⇒デジタル化された農業資源、関連サービスの農業資材商品としての販売を通じて、巨大多国籍アグリビジネスによる統合が進展しつつある。2015年以降の国連「持続可能な開発目標（SDGs）」や気候変動枠組み条約（IPCC）・パリ協定を契機とした環境危機・気候危機が再編を後押しする構図だ。

調査会社ETC Groupによれば、こうした市場支配は、動物製薬（Animal pharma）、穀物取引、食肉産業、食品・飲料、野菜、食品流通においても進展している。2020年時点で、上位４～６社の支配的なグループに集中しつつあり、市場流通、マーケットリサーチ、政策面で多大な影響を及ぼすようになっている。その結果、今後、消費者、農民（農地所有）と資本の対抗関係強まる恐れが強まっている。

高まるスーパーエルニーニョ現象への警戒感　世界的な食糧危機懸念再び

世界的な異常気象の影響も懸念される。気象庁によると、異常気象の多発に関係すると言われるエルニーニョ現象（熱帯太平洋東部の海水温上昇）がほぼ４年振りに発生した。冬にかけて強力な「スーパーエルニーニョ」に成長する公算が大きい。人間活動による地球温暖化が進んでいるところに、エルニーニョの効果が重なる結果、場所によっては記録的な猛暑の発生につながる可能性が高まる。

現在世界では、この夏の天気に影響を及ぼす現象として、①エルニーニョに加え、②太平洋熱帯域での「ラニーニャ現象」の「名残」、③インド洋西部の海面水温の上昇（インド洋ダイポールモード現象）の３つの異常がある。

世界気象機関（WMO）は、2023年７月７日に記録した世界平均気温（海水温を含む）は17.24度で、過去最高だった16年８月16日の16.94度を上回ったと発表した。また、先月（23年６月）は観測史上最も暑い６月となり、７

月第１週も最も暑い１週間となったと明らかにした。WMOは７月４日の声明で「エルニーニョの発生が猛暑を引き起こす可能性を大幅に高めるだろう」と、警戒を呼びかけた。

カナダでは近年、40℃を超える酷暑が頻発している。「気候変動の影響で、カナダでは世界平均の２倍ほどのスピードで温暖化が進む。毎年山火事で焼失する面積も明らかに増えた」（カナダ環境・気候変動省）。スペイン南部では６月下旬に最高気温が44℃に達した。今年初めから深刻な干ばつが続き、貯水池の容量は平均の30％しか残っていない。メキシコ北西部でも６月末に49℃を記録した。同国政府は６月に異常な暑さが原因で死亡した市民が104人にのぼったと発表。米南部テキサス州でも厳しい熱波で死者が相次いだほか、中国やインド各地も盲者や熱波に見舞われている。米国では、保険の引き受けを停止する保険会社もでてきた。

気候変動に関する政府間パネル（IPCC）は、海洋を含む世界の平均気温が20年以内に産業革命前より1.5℃上昇すると予測する。「世界平均気温の上昇を産業革命前に比べて1.5℃以内に抑える」という、2021年に英国で開いた第26回国連気候変動枠組み条約（COP26）で採択したグラスゴー気候合意で掲げた長期目標と比べ、現状はほど遠く、国連は各国の温暖化ガスの削減目標を合わせても２℃以上上昇するとみており、より悲観的だ。こうした状況下で、2023年11月にはアラブ首長国連邦（UAE）で、COP28が開催される。果たして有効な対策が打ち出されることになるか期待は薄い。

おわりに―グレート・リプライシングの時代到来

ウクライナ危機は、国際社会が多極化に向かっていることを改めて示す格好となった。ここ数年で少なくとも２つの不安定要因となる傾向が浮き彫りになった。

１つは、国際社会の分断だ。自由民主主義的な社会と専制権威主義的社会、イスラエル・ハマス戦争に関した親イスラエルと反イスラエル分断であり、金融資産を所有する欧米日と実物資産（エネルギー、金属、食糧などの重要物質）を支配するロシア、中国、中東産油国との対立でもある。

この世界の分断は、結果として、1990年代以降加速した「グローバリゼーションの終焉」、すなわち経済合理性だけを考えれば良いとする時代の終焉をもたらすことになる。企業は、リショアリング（生産拠点の日本回帰）、フレンド・ショアリング（同友好国への再配置）、適正在庫の再検討などを進めるようになった。「グレート・モデレーション（グローバル経済の中で進んだ物価と金利の低位安定）」の時代は終り、「グレート・リプライシング（価格大調整）」時代の到来とも言えよう。食糧、エネルギー、鉱物資源、サービス、人件費などあらゆるコストが上昇することになろう。

こうした中、南半球の途上国・新興国を中心とする「グローバルサウス」は、戦争そのものとは距離を置き「中立」を保とうと努めている。しかし、それは混乱の中で「漁夫の利」を得ようとしている姿にも映る。これら国々は、食糧問題においても極めて脆弱であることが今回の戦争で明らかになった。

もう１つは、先進７カ国（G7: Group of 7）の相対的地位が低下する一方、中国の存在感が強まったことである。結果、中国が世界秩序の創造と破壊の両面を握るようになっている。昨年10月の中国共産党第20回全国大会で、異例の３期目の政権をスタートさせた習近平国家主席は、「強国建設」に向け「国家安全保障能力の増強」を目標に掲げ、「米国との対立（対米対抗）」を鮮明にしている。国際社会においても、中国は、中東やグローバルサウスにおいて、米国のプレゼンス低下と対照的に存在感を高めている。

一方、2015年末のパリ協定以降の脱炭素の世界的潮流は、近年の人工知能（AI）の進化やデジタルトランスフォーメーション（DX）など、テクノロジーの進展と相俟って、「新産業革命の到来」を期待する見方も多い。食料分野においても培養肉や代替肉などフードテック（FoodTec）への取り組みも増えてきた。果たしてフードテックは食糧市場の救世主となるのか。

〔2023年11月30日　記〕

第2章

基本法見直しにおける農業政策の批判的検討
―多様な農業人材を中心に―

安藤　光義

1．はじめに
―国民の理解は得られない「国民１人１人の食料安全保障」―

基本法検証部会は短期間の間に精力的な検証を行い、多くの論点を明らかにした。だが、全体のバランスからすると食料政策分野が突出している感が否めない。最終取りまとめの「概要」では、「国民１人１人の食料安全保障の確立」は①から④の項目から構成されているのに対し、それ以外の３つについては３～４行の文章にとどまっている。今回の見直しにおける最大のキーワードが食料安全保障なので仕方ないが、食料政策の分野が不釣り合いなほどに突出しているというのが率直な感想である。

それ以上に問題だと考えるのは、食料安全保障に直結するような項目に必ずしもなっていない点である。「①食料の安定供給のための総合的な取組」は当然のことながら最初に位置づけられるべきものだが、原案では２番目であった。検証部会での委員からの意見を受け入れてトップ項目となったという経緯をみても食料安全保障に対する農林水産省のスタンスが透けて見えてくる。この①は「国内農業生産の増大を基本としつつ、輸入の安定確保や備蓄の有効活用も一層重視」という、どのようにでも解釈することのできる玉虫色の文章となっている。

「②全ての国民が健康的な食生活を送るための食品アクセスの改善」は低所得者層の増加を踏まえた必要な視点であり、「④適正な価格形成に向けた仕組みの構築」もフランスのエガリムⅡ法を参考に新たな政策の芽を示すものだが、食料安全保障にどのように結び付くのかは必ずしも明瞭ではない。

少なくとも物価上昇、なかんずく食料品価格の上昇に苦しむ国民に訴えかけるものにはなっていないのではないか。

また、「③海外市場も視野に入れた産業への転換」は輸出の促進であり、狭まる国内市場に代わるマーケットを海外に求めることは理解できるが、海外の富裕層向けであり、やはり国民の胃袋を満たすのに直接貢献するものではない。輸出農産物で最も金額が多いのは加工食品であり、その中で多いのは金額が大きい順にアルコール飲料、調味料、米菓を除く菓子類である。こうした農産物の輸出促進が食料安全保障に本当に貢献するのだろうか。

繰り返しになるが、食料安全保障と言いながら、それに直結するような項目建てにはなっていないのである。これで国民の理解は本当に得られるのだろうか。

しかし、それには理由もある。この②～④の３項目は基本法検証部会が立ち上げられる前の「新しい資本主義の下での農林水産政策の新たな展開」(2022年９月９日食料安定供給・農林水産業基盤強化本部資料）で既に示されていたものである。農林水産大臣から「食料、農業及び農村に係る基本的な政策の検証及び評価並びにこれらの政策の必要な見直しに関する基本的事項に関することについて、貴審議会の意見を求める」という諮問があった2022年９月29日より３週間近く前のことである。９月９日の資料では「今後の検討課題」として「食料安全保障の強化」の中に「生産・流通コストを反映した価格形成を促すための枠組みづくり」と「平時でも食品へのアクセスが困難な社会的弱者への対応」が記されていた。また、「輸出促進」は「食料安全保障の強化」と同じ重みを持つ別の柱として記されていた。①以外の３項目を組み込むことは検証部会の議論を待つまでもない既定路線だったのである。さらに、９月９日の時点で「下水汚泥・堆肥等の未利用資源の利用拡大」は「農業に関する基本的施策」の中の「生産資材の国産化の推進等」に位置づけられていた。

対局前から盤上に石が置かれていたのである。布石に一貫性が感じられないのはそのためだと理解している。

検証部会の見直しは精緻なものだが、こうした制約があったため核となる哲学は不在である。過去を振り返れば、旧基本法は高度経済成長の下での農工間所得格差を問題として認識し、自立経営の育成を目標に政策体系を構築したし、現行基本法はガット・ウルグアイ・ラウンドの妥結とWTO体制への移行による農政の国際的なハーモナイゼーションが求められる中、多面的機能を掲げて中山間地域等直接支払制度を導入した。今回は「食料安全保障」をキーワードに、何を重要課題として認識し、それに対する政策の柱をどのように建てようとしているのかがはっきりしない。「国民１人１人の食料安全保障の確立」「環境等に配慮した持続可能な農業・食品産業への転換」「食料の安定供給を担う生産性の高い農業経営体の育成・確保」「農村への移住・関係人口の増加、地域コミュニティの維持、農業インフラの機能確保」という新たな４つの基本理念（正確には「基本理念の見直しの方向」）の関係の整理がされていない点にそれがあらわれている。事象の羅列であり、全体を貫く理念や考え方は全く見えてこない。

考えたくない話ではあるが、実現の見込みの立たない食料自給率目標を反故にするためFood Security概念を持ち込み、「国民１人１人の食料安全保障の確立」を掲げたのではないか。さらに言えば「適正な価格形成に向けた仕組みの構築」も、賃金上昇の恩恵を受けない非正規雇用が約４割を占め、低所得者層が増加する中で本当に国民の理解を得ることができるのか。令和４年度『食料・農業・農村白書』もこの問題を認識しているが、対策はフードバンク活動の支援という対症療法にとどまっており、根本的な解決策にはなっていないように思う。

突出した食料政策分野に関する問題はこの程度にとどめ、以下では食料安全保障の根幹をなす農業生産に関連する内容についての検討を以下で行うことにしたい[1)]。その視点は、①最終取りまとめで使われている「多様な農業人材」「多様な人材」など「人材」という用語の含意についての批判的な検討（「２」と「３」）、②農業政策の中でも構造政策と農村政策との関係、特に両者の橋渡し的な役割を現場で果たしてきた集落営農の重要性の検討

（「４」と「５」）の２点である。また、③中小規模の家族経営を重視する本質的な意味（「６」）を最後に考えることにしたい。

２．「担い手」ではなく「人材」となっていることの含意の検討

最終取りまとめで使われている用語は「多様な担い手」ではなく「多様な農業人材」となっている点に注意する必要がある。農業経営基盤強化促進法で用いられている「担い手」という用語は使われていないのである。

古い話となるが、「多様な担い手」は農政調査委員会が刊行している『日本の農業』183号・184号において「農業構造の変化と多様な担い手」というタイトルとして用いられたのが最初だったのではないだろうか。この２冊が刊行されたのは1992年であり、ちょうど「新しい食料・農業・農村政策」が出された時期と重なる。また、農林水産省大臣官房の企画官らとの研究会の成果であり、当時検討中の政策と密接な関係があった。その「はしがき」には以下のように記されている。

……従来までの農家を中心とした構造政策のみでは農村社会と農業生産を維持することが困難になることが予想され、それを維持するためには家族経営の再編成とともに、新たな質の担い手（法人経営、公社等）が必要となる事態が進展した。

……サカタニ農産、神林カントリー、船方総合農場のように数十haを超える規模の農業生産とともに農産加工、流通、観光を農業経営内に組み込んだ企業的な農業法人が展開している。……担い手不足地域でも農事組合法人に加え、農協直営型法人（石川県手取、鹿児島県末吉、頴娃）や農業公社（鹿沼、藤代、太田等）等の様々な農業経営が各地で取り組まれている。

当時は法人化が大きなトピックであり、家族経営も重要だが、「新たな質の担い手」として法人経営が注目されていた。現在は100ha規模を超える法

人経営は珍しい存在ではなくなっているが、当時はその先駆者であるサカタニ農産、神林カントリー、船方総合農場などに将来の担い手の姿を見出そうとしていたということである。この路線は一層大きな経営規模となり、スマート農業と関連する形で現在に引き継がれている。

もう１つのポイントは担い手不足地域にも注意を払い、現在の集落営農に該当する農事組合法人に加えて農協直営型法人や農業公社に期待を寄せていた点である。前者は農協出資生産法人であり、後者は市町村農業公社である。

当時は地方分権が推進されていた時代であり、農業振興においても地方自治体レベルで様々な取り組みがみられた。その１つが農業経営基盤強化促進法（1993）による農地保有合理化法人の農地中間管理機能を活用した市町村農業公社による農地管理であり、耕作放棄地対策として西日本を中心に広がった。だが、経営収支は赤字続きで、農地管理型の市町村農業公社はほとんどなくなってしまう。最終的に担い手不足地域で期待されることになったのが集落営農であった。

30年以上も前の話となり恐縮だが、その時の「多様な担い手」は農業法人以外の複数のタイプの農業経営を「担い手」として位置づけていたのであり、その中には農協出資生産法人、市町村農業公社、集落営農なども含まれていた。しかし、今回の最終取りまとめで使われているのは「多様な農業人材」「多様な人材」であって「担い手」ではない。また、そうした「多様な担い手」にあたるような記述は「農業を副業的に営む経営体など多様な農業人材」（最終取りまとめ：27頁）しかないのである。

今後の農業生産を担うのは大規模な農業法人、なかんずく雇用型経営であるというのが農林水産省の認識なのであろう。「将来的にはスマート農業技術に支えられた雇用型の大規模経営が農地の大半を担っていくことになる。そのために必要な農業人材、すなわち、能力の高い雇用人材を育成しなくてはならない。そうした人材を育成するための農業教育が重要になる。さらに高度な外国人労働力も必要になってくる」ということなのであろう。

実際、「……今後、農業法人が増加する中で、雇用労働力の確保が事業継続の観点からも重要になっている。現行基本法は雇用労働力の確保に関する施策については既定していないが、今後、農業分野で必要な雇用労働力の継続的な確保が課題となる中、食料安全保障の観点からも、農業の雇用労働力に関する施策を講じていくことが重要である」（最終取りまとめ、24頁）と記されている。短いパラグラフの中に「今後」が２回、「雇用労働力の確保」が３回（「雇用労働力」は４回）も登場しており、校正が入ったとは思えない文章だが、彼らの認識するところが端的にあらわれている。

そして、具体的な施策が「⑧人材の育成・確保」であり、「外国人労働者も含めた多様な雇用労働力の確保が重要であり、この観点から労働環境の整備や地域内外での労働力調整に関する施策を行う。また、雇用確保や事業拡大、環境負荷低減や生産性向上のための新技術の導入等の様々な課題に対応できる人材の育成・確保を図るため、農業教育機関等における教育内容の充実・高度化や、農業者のリスキリングを実施する」（最終取りまとめ、28頁）となっている。これを読むと「多様な農業人材」は「外国人労働者も含めた多様な雇用労働力」を意味しており、大規模農業法人が必要とする雇用労働力に対する農業教育の充実を図ることが「多様な農業人材」の具体的な施策[2)]だと受け止めざるを得ない。ただし、ここでの記述は「農業」の二文字が外されて単に「人材」と記されているので、筆者の「誤読・曲解」という批判もあるかもしれない。だが、最終取りまとめの全体的な書き振りから受ける「農業人材」に対する印象は以上のようなものである。

３．最終取りまとめにおける「人材」という用語についての検討

雇用型経営の比重の増大という農業構造の変化を受け、農業雇用者に「農業人材」という用語を当てはめたかったのではないだろうか。これは農業という産業を支える生産要素の１つとして労働力を捉えていることを意味する。しかし、そうなると「農業人材」の延長線上に農村社会はあらわれないため、農業政策と農村政策を繋ぐことができなくなる。そこで、こちらは単に「人

材」と記し、中小規模の兼業農家に対して「農業人材」という用語を当てたのかもしれない。また、この「人材」という用語は農村政策でも登場するが、そこでは地域コミュニティという視点は弱く、専ら地域資源管理に焦点を当てて用いられている印象が強い。以下では、最終取りまとめを引用しながら、「人材」という用語の使われ方について検討を行う。

最終取りまとめにおける「多様な農業人材」は、具体的な農業施策として次のように位置づけられている。

> ⑶ 農業施策の見直しの方向
>
> ④多様な農業人材の位置付け
>
> 農地を保全し、集落の機能を維持するためには、地域の話合いを基に、
>
> （ア）離農する経営の農地の受け皿となる経営体や付加価値向上を目指す経営体の役割が重要であることを踏まえ、これらの者への農地の集積・集約化を進めるとともに、
>
> （イ）農業を副業的に営む経営体など多様な農業人材が一定の役割を果たすことも踏まえ、これらの者が農地の保全・管理を適正に行う取組を進めることを通じて、地域において持続的に農業生産が行われるようにする。
>
> 【最終取りまとめ：27 ～ 28頁】

「多様な農業人材」に対する記述ではあるが、最初の（ア）に掲げられているのは「離農する経営の農地の受け皿となる経営体や付加価値向上を目指す経営体」であり、効率的かつ安定的な農業経営を重視するというのが基本的な姿勢である。また、ここで「農業を副業的に営む経営体」が「多様な農業人材」の代表として登場しているが、とってつけて加えた印象が強く、違和感が残る。

やはり、農業政策と農村政策が車の両輪として機能する場合の鍵は集落にあり、中山間地域等直接支払制度、多面的機能支払交付金などの日本型直接

支払制度は集落に依拠した仕組みであるにもかかわらず、「農地を保全し、集落の機能を維持する」となっているのは問題ではないか。本来ならば、集落が維持され、その結果として農地が保全されるという順になるはずだが、実際の順番は「農地」、「集落」という順になっている。そして、「農業を副業的に営む経営体」に期待されるのは「農地の保全・管理を適正に行う」ことなのである。「集落」という視点は落ちており、車の両輪となるためのシャフトは欠けていると言わざるを得ない。

それでは農村政策では「多様な農業人材」はどのように記述されているのだろうか。

> (3) 農村政策の見直しの方向
>
> ④多様な人材の活用による農村の機能の確保
>
> 食料の安定供給や適切な多面的機能の発揮の観点から、地域農業の持続的な発展が必要である。農地を保全し、集落の機能を維持するためには、地域の話合いを基に、
>
> （ア）離農する経営の農地の受け皿となる経営体や付加価値向上を目指す経営体の役割が重要であることを踏まえ、これらの者への農地の集積・集約化を進めるとともに、
>
> （イ）農業を副業的に営む経営体など多様な農業人材が一定の役割を果たすことも踏まえ、これらの者が農地の保全・管理を適正に行う取組を進めることを通じて、地域において持続的に農業生産が行われるようにする。
>
> 一方、集落内の農業者や住民のみでは集落機能の維持が困難である集落については、農業生産の維持のため、集落内外に存在する非農業者やNPO法人等の集落活動への参画等を推進する。このような取組を進めるため、多様な人材の受け皿となるだけでなく、地域の将来ビジョンを描き、農用地保全活動や、農業を核とした経済活動（地域資源を活用した収益事業等）とあわせて、生活支援等地域コミュニティの維持に資す

る取組等を行う農村RMOの育成を推進する。さらに、農業生産の基盤として必要な地域であるものの、それでもなお農地利用や集落機能の発揮のための取組が困難な地域においては、集落外から新規参入による農地利用や集落活動への参画を促すといった取組を行う。

【最終取りまとめ：27 ～ 28頁】

農業政策では「多様な農業人材」だったのが、農村政策の（イ）の後半では「農業」が削除されて単に「多様な人材」となっている。これだと雇用労働者や外国人労働者との区別が曖昧になってしまうという問題があるが、その点はともかく、ここでは「多様な人材の活用による農村機能確保」の「農村機能」は専ら「農地の保全・管理」という「地域資源管理」を意味する内容になってしまっている[3)]。

筆者の「誤読・曲解」かもしれないが、「集落機能」と「農村機能」の違い、さらに「コミュニティ維持」との違いは判然としない。このままだと「多様な農業人材」は地域資源の保全管理を行うだけの存在となりかねない。「農村施策の見直しの方向」の記述に従い、「人口減少を踏まえた移住促進・農村におけるビジネスの創出」や「都市と農村の交流、農的関係人口の増加」によって集落機能の低下を抑え、それを通じて「人口減少下における末端の農業インフラの保全管理」を実現するという論理とすべきだったのではないか。農村政策についても、農業政策との間を繋ぐシャフトに当たる集落についての問題意識が弱いのである[4)]。

また、期待がかかる農村RMOだが、農用地保全活動、農業を核とした経済活動を担わせていくという方向で本当によいのかどうか。島根県の地域貢献型集落営農（**図2-1**）のような集落営農の発展型でなければ、専ら生活支援取組を行う農村RMOの可能性を検討するという方向性も考えてもよかったのではないか。農地等の地域資源ではなく、集落等の地域社会に起点を置いた農村政策を打ち出すべきではなかったかということである。農地の維持・管理も重要だが、それ以上に重要なのは集落ではないだろうか[5)]。その

図2-1　地域貢献型集落営農（島根県）

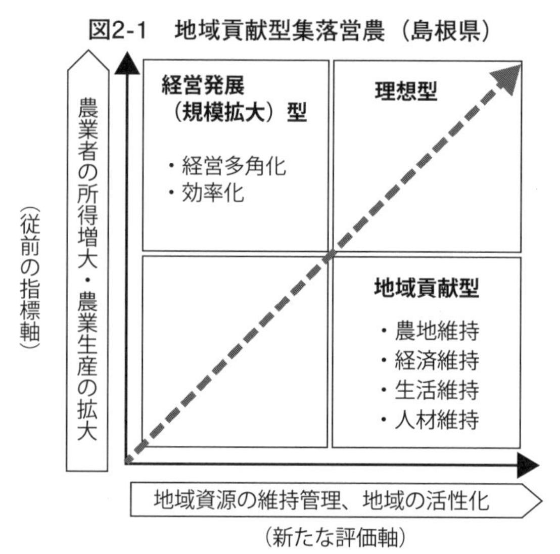

出所：島根県農業経営課からの提供資料

ように考えていくと農村政策における「人材」という用語に対しては農業政策と同様、違和感が残るのである。

4．農業政策と農村政策を繋いできた集落営農の意義と限界

農業政策の根幹にあるのが農業構造の改善を進める構造政策である。その象徴が1993年に制定された農業経営基盤強化促進法であり、認定農業者制度を通じて効率的かつ安定的な農業経営の育成を目指すものであった。特定農業法人制度もこの経営体育成路線の１つとして創設された。この制度の適用対象として想定されたのが中山間地域等の担い手不在地域であった。農地を引き受ける担い手を特定し、その担い手が集落と協定を結んで農地を集積していくのを税制等で支援を行うというものであった。集落営農が早くから展開していた島根県や滋賀県では同制度を熱心に活用し、特定農業法人の設立が進むことになった。だが、「農業経営体」と言いながらも実際には集落く

るみ型の組織であり、認定農業者制度が想定するような他産業従事者並みの生涯賃金に見合う農業所得を実現している農業専従者はいない法人が大半を占めていたというのが実情であった。構造政策は法人化を推進しており、それに沿う形で法人化はしているものの内実は異なっていたのである。しかし、それは構造政策の地域政策化という政策の「翻訳」が集落レベルで行われていたためであり、農村の現場が構造政策を換骨奪胎して農村政策として活用していたのである。

そこに中山間地域等直接支払制度が2000年から始まり、集落協定を締結し、交付金を使った共同取組の実施が可能になる。これが担い手不在地域における集落営農の設立を後押しすることになった。その典型が広島県であり、2000年以降、「集落法人」の育成が急速に進み、一時は全国トップの集落営農法人数を誇ることになった。

政策的に集落営農は構造政策に位置づけられているが、農村の現場、特に中山間地域では中山間地域等直接支払制度とセットとなって、地域政策として活用されていた。集落が農業政策と農村政策とのシャフトとして機能していたということである。

その後、2007年の品目横断的経営安定対策による規模要件への対応として平地農業地域でも集落営農が設立され、法人化も進むことになった。しかし、それから20年近くが経過した現在、高齢化だけが進行して後継者を確保することができず、存続が危ぶまれる集落営農が増えてきている。中山間地域では集落営農が最後の砦であり、これが破綻して解散してしまうと折角集積された農地は宙に浮いてしまう。集落営農は瀬戸際に来ているのである。そうした状況を踏まえ、『技術の普及』2022年４月号は「転換期の集落営農」という特集を組み、集落営農の連携や合併という動きに注目している。中山間地域等直接支払制度も同様であり、集落協定を大きなものに束ねていく方向が模索されている。「広域化」「連携」「合併」がキーワードとなっているのである。こうした考え方は「農村機能」に着目する政策の流れと一致する。

しかしながら、事態は容易ではない。参照基準となるのは集落営農に先駆的に取り組んできた島根県である。同県では1970年代後半から集落営農の設立を進めてきた歴史があり、いち早く地域貢献型集落営農という路線を打ち出してきた。これは農業生産だけではなく、地域経済の維持、生活の維持、人材の維持に貢献する、地域公益的な活動を展開する集落営農を目指すものであり、現在の農村RMOに該当する。島根県の集落営農は既に2000年代から、農業以外に事業領域を拡大し、地域を支えていく農村政策の主体として位置づけられていたと考えることができる。

ただし、かつて筆者が島根県から行ったヒアリング調査によると、「2017年現在、641の集落営農組織があり、そのうち235が法人化している。島根県は集落営農の優良事例だと言われているが、県全域で集落営農が設立されているわけではない。集落営農を立ち上げることができない集落がまだ相当する残っている。そこで広域連携組織を設立し、集落営農の支援に行く仕組みを考えている（**図2-2**）。だが、集落営農がない集落を支援することはできない。広域連携組織を設立しても、それが集落自体を支えることはできない。農作業は受託できたとしても、日常的な管理までは引き受けられない」ということであった。

ここから導き出すことのできる政策的含意は「集落は不可欠である」ということである。少なくとも峡谷型山村と呼ばれるような地理的特性を有する島根県については地域資源管理という点においても集落は必要だということである。

ただし、この論理が全国各地で当てはまるかどうかは慎重に検討する必要がある。集落はなくてもよいのではないか、北海道をどう考えるかといった議論を行わなければならない。「農村機能」の中味を詰めることも不可欠である。しかし、検証部会ではそこまで踏み込んだ検討は行われておらず、問題は残されたままなのである。また、中山間地域の「頼みの綱」である集落営農は厳しい状況にあり、それへの対応は死活問題であるにもかかわらず、「農業を営む副業的な経営体」にばかり注目が集まっているのは問題と言わざる得ないのではないか。

図2-2　広域連携組織に集落営農の支援体制（島根県）

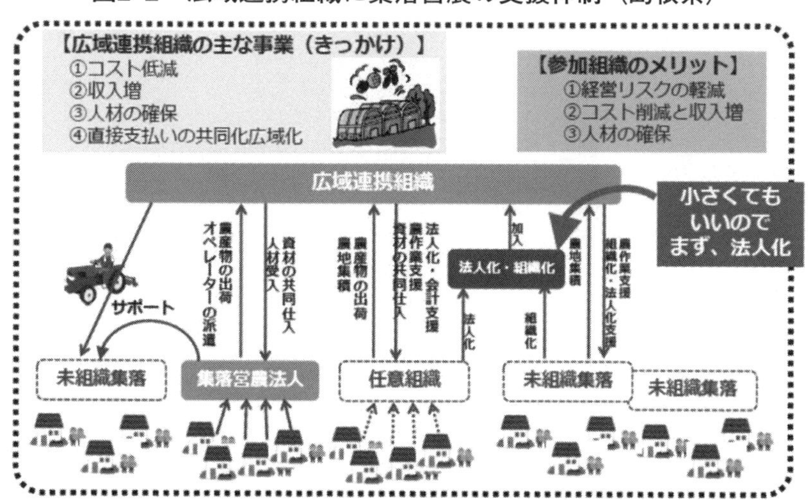

出所：島根県農業経営課からの提供資料

５．集落営農再編の動き―連携、合併、解散―

集落営農の再編を目指す動きとして、広島県と大分県の状況を紹介することにしたい。

最初は広島県の集落営農についてである。県が行っているアンケート調査によると、「今後５年は続かない」集落法人は、2010年調査では７％だったのが、2013年調査では18％、2020年調査では27％と増加しており、回答のあった集落法人の４分の１以上を占めるという結果となっている。その理由の上位３項目は「高齢化で畦畔管理などの作業ができない人の増加」「オペレーター、一般作業で働く人が不足している」「次期リーダー候補となる人がいない」であることが明らかにされている。

特に衝撃的なのは、10年後の将来像についての回答である[6]。「自らの法人で経営」という単独で存続する集落法人は30％と３割しかなく、「集落法人同士で連携」が52％と半数を超えて最も多い。高齢化と後継者不在で限界に来た農家が集まって集落法人を設立したが、それから年数が経過し、今度はその集落営農も限界に来たので、それらが再び集まって何とか新たな道を模索していきたいということである。また、「農業法人や新規就農者などの担い手に作業や事業を委託」という実質的な解散を選んでいる集落法人が11%と１割を占めている点も注目される。この解散した集落法人が耕作していた農地はどうなるのか。解散した法人の経営資産の行方、その後の集落の状況などを明らかにしていくことが今後の重要な課題である。そのことによって集落の意味を検証することができるだろう。

次が大分県の集落営農の状況である。同県も集落営農を対象にアンケート調査を実施している。設問の内容が年によって変わるが、５年後までの規模拡大の意向は次のようになっている。2018年調査では、「規模拡大の意向がある」は17%、「頼まれれば引き受ける程度の拡大」と「現状維持」がそれぞれ32%、「縮小したい」が９%という状況であった。これが２年後の2020年調査では「面積、圃場条件にかかわらず引き受ける」７%、「ある程度まとまった面積であれば引き受ける」７%、「条件（圃場の広さなど）がよければ引き受ける」39%、「自分の集落以外は引き受けない」47%となっており、他の集落営農を吸収合併する力が急速に落ちていることがわかる。集落営農間の連携関係を構築し、互いに支え合う仕組みをつくるのは厳しくなっている。

こうした事態に危機感を持った県は2022年に再度、アンケート調査を実施し、今後の集落営農の意向を詳細に把握した。現状のままで存続は危ぶまれる集落営農に対し、経営面積の拡大あるいは園芸品目の導入によって収入を増やし、高齢化・労働力不足対策として常時雇用を導入して経営継承を図っていく方向を示すことがその狙いであった。複数回答のため合計が100%を超えてしまうが、「生産面積の拡大」が63%と最も多く、「園芸品目導入」が24%、「新たな担い手への経営譲渡」が22%、「他法人との連携・合併」が18%という結果となった。ここでも注目されるのが「新たな担い手への経営譲渡」という実質的に解散を選択した集落営農が２割を超えたことである。

図2-3　集落営農法人の経営面積あたり農業収入額の関係（多角化と雇用の実施例）

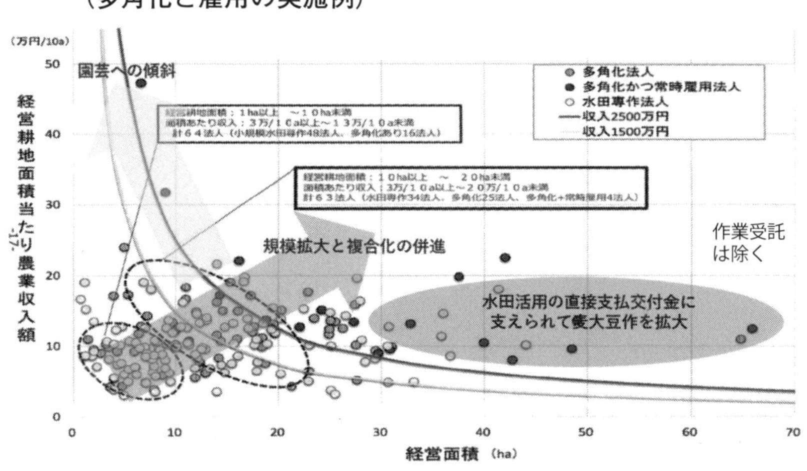

出所：大分県内部資料を筆者が改変

「他法人との連携・合併」も18%あるが、他の集落営農の農地を引き受けるだけの余力がある組織は少なく、このうちのかなりの部分の農地は引き継がれないことが予想される。広島県以上に危機的な状況に置かれているのである。

また、大分県はこのアンケート調査結果から、集落営農をプロットした散布図を作成して方向づけについて検討を行っている（**図2-3**）。

集落営農の発展方向としては、農地を借りて経営面積を拡大していくか、経営面積当たりの農業収入額を増やしていくかのどちらかになる。後者は園芸品目の導入であり、集約的な農業に取り組む方向である。理想的なのは規模拡大と複合化の並進であり、**図2-3**では斜め上に向かう矢印がそれにあたる。大分県独自の分析は、２本の曲線を入れた点にある。下が収入1,500万円のライン、上が収入2,500万円のラインである。2020年のアンケート調査の結果から農業収入が2,500万円以上になると常時雇用の導入割合が高くなっていることから、それを目標として線を引き、各集落営農がどのような位置にあるのかがわかるよう工夫がされている。1,500万円のラインをクリアし、次に2,500万円のラインを超えて常時雇用を入れて農業経営体としての存続を図っていくという道筋を示したということである。ただし、これらのラインを超えることができない集落営農がかなり存在しているということも明らかになった。そして、こうした農業経営体として存続が困難な集落営農を支える余裕は他の集落営農には残されていないのである。

そうであるが故に集落営農解散後を支える者として「農業を営む副業的な経営体」を重視していくということなのだろうか。だが、最終取りまとめを読む限り、そうした問題意識や実態認識の欠片もないのではないか。そこに従事分量配当に対する消費税のインボイス問題が農事組合法人に追い打ちをかけており、「基本法見直しとはいっても、自分たちが本当に困っていることへの対応はされていない」という不満となっているのであろう。

6．中小規模の家族経営を重視する本質的な意味を考える

最後に、なぜ中小規模の家族経営を重視する必要があるのかについて考えることにしたい。その場合、最終取りまとめにおけるみどりの食料システム戦略と有機農業の位置づけの検討が１つのポイントになる。

今回の見直しの前にみどりの食料システム戦略が打ち出され、その推進を図るみどりの食料システム法も制定されており、これが農業分野の主軸となるのが自然の流れではないかと予想していた。しかし、農業に関する施策の中にみどりの食料システム戦略は登場しないのである。実際、「環境等に配慮した持続可能な農業・食品産業への転換」は「基本理念」の「⑵」として反映されているが、「⑶」の「食料の安定供給を担う生産性の高い農業経営の育成・確保」の中に「循環」や「有機農業」といったキーワードはない[7)]。最終取りまとめの「概要」の「３．農業に関する基本的な施策」における「➢」で始まる14項目についても同様である。これでは基本法見直しの時点で有機農業100万haの実現は目指さないと宣言していると受け取られかねない。そもそも有機農業が農業政策に入っていないことが問題なのである。

結局、みどりの食料システム戦略は「５．環境に関する基本的な施策」の

中に入れられ、「環境負荷低減を行う農業を主流化することによって、生態系サービスを最大限に発揮する」、「みどりの食料システム法に基づいた取組を基本としつつ、フードチェーン全体で環境と調和のとれた食料システムの確立を進める」と記されることになった。みどりの食料システム戦略は環境政策の範疇とされてしまったのである[8)]。環境と親和する農業は「生態系サービス」という新たな概念に吸収され、農業のあり方の抜本的な見直しを通じた社会の転換の可能性は消えたと言わざるを得ない[9)]。この最終取りまとめの内容では、環境負荷低減活動の強化が一方的に進められるだけで、もっと広い社会的視野からの、例えば、有機農業を営む中小規模の家族経営が構成する農村社会への転換といった道筋は全く見えてこないのである。

また、中小規模の家族経営については、農業内だけの問題としてではなく、もっと広く日本社会全体の変化の中における家族による自営業、小規模事業の再評価という方向で検討が深められるべきだったと考える。新（2012）は、農業を含む自営業の数は1960年代から1980年代まで900万人台後半で安定していたが、農業者は減少しているのでこの数字は都市自営業者の増加によってもたらされたものであり、戦後の総中流社会は「雇用の安定」だけで実現したわけではないとして自営業に注目する。そして、自営業は閉塞した社会の「抜け道」であるとしている[10)]。ここで論じられている内容は、文脈も時代も異なるが、塩見（2014）における半農半Xと通ずるところが大きい。「きちんとした仕事」「自分の手で材料を選んで、自分の手でものを作って、自分の手でそれを客に提供できる仕事」がしたいと思った村上春樹氏は国分寺市でジャズ喫茶を開いたが、今だったら農村に移住して「きちんとした仕事」をして半農半Xという生き方をしていたかもしれない[11)]。中小規模の家族経営はこうした範疇に入るであろう。そして、新規に参入する人たちは暮らしを自らつくり、新しい取組にチャレンジしているのである[12)]。残念ながら、最終取りまとめの「農業を副業的に営む経営体」に関連する記述からは、そうした社会変化の萌芽を育てていこうという姿勢を読み取ることはできなかった。もう少し社会全体に目を広げてほしかったところである。

7．おわりに

基本法検証部会の最終取りまとめは中間とりまとめと変わるところはほとんどなかった。全国各地で意見聴取をしたとのことだが、それは形だけで、変えるつもりは端からなかったのだろう。「国民１人１人の食料安全保障」というスローガンの下で食料政策の内容を拡張するが、それを除けば、基本法改正と呼べるほどの新機軸はないのではないか。みどりの食料システム戦略は環境分野に入れられており、農業生産支持あるいは農地維持のための直接支払いの芽は周到に摘み取られているのである。

「農地法改正による農地取得下限面積の廃止と農業経営基盤強化促進法改正による“農業を担う者”の拡張で中小家族経営への対応は終わっていますし[13]、環境負荷低減を進めるためのみどりの食料システム法も制定しました。それに関連する環境保全型農業直接支払交付金も拡充していきます（直接支払いの実施は環境公共財供給の対価支払いにとどまります）。スマート農業の推進は予定通り進めます。中山間地域等直接支払制度などの日本型直接支払制度は堅持するので地域資源管理についてはご安心ください。農村RMOの設立にも継続的に取り組みます。価格転嫁と不測時の食料安全保障については、既に農林水産省の中に委員会を設置して検討を進めているところです。官邸案件の輸出の促進はこれまで通り力を入れます」というところか。筆者の読み間違いの場合はお詫び申し上げる。

最終的な鍵を握るのは自民党の食料・農業・農村基本法検証プロジェクトチームに設置された、農業基本政策検討分科会、農地政策検討分科会、食料産業政策分科会部会という３つの分科会の議論の結果である。残念ながら本稿は11月末に脱稿したため、それを反映させることはできなかった。この点もご容赦を願う次第である。

注

1）同様の不満は与党側も抱いているようにみえる。基本法検証部会の中間とりまとめが公表された直後の６月２日に食料安定供給・農林水産業基盤強化本部から「食料・農業・農村政策の新たな展開方向」が出された。これは中間とりまとめに対して見直しを求めたもののように思われる。そのポイントと思われる点を以下に指摘しておく。

　この資料では「Ⅰ．基本的な考え方」の冒頭に「食料供給基盤の確立」が置かれ、「２．食料の安定供給の確保」の最初の「⑴ 食料の安定供給に向けた構造転換」では「食料供給力の維持・強化を前提に、海外依存度の高い品目の生産拡大を行う」と記された。「生産拡大」と言い切ったことの意味は大きいように思う。また、水田農業が基本問題として認識され、３つのパラグラフが準備された。食料安全保障に水田農業の再構築は欠かせない。

「⑵ 生産資材の確保・安定供給」において、堆肥や下水汚泥資源の利用、価格急騰時の「価格転嫁が間に合わない高騰分の補填対策」と「国産飼料の生産・利用拡大を促進するための仕組み」、肥料補填金と飼料増産支援が記された。これは資料中、計３回記されており、価格高騰時の補填金は今後も継続するという農業生産者へのメッセージなのだろう。

「経営安定対策の充実」の記述量が大幅に増加し、「多面的機能・環境負荷低減の直接支払」と「将来にわたって安定運営できる水田政策」が加筆された点もポイントである。食料安全保障のための直接支払い実施はともかく、環境に貢献する直接支払いは継続し、水田農業政策の確立は重要だとされた。

　また、農村政策の巻き返しが図られたようであり、「農村の振興（農村の活性化)」では「農村の持続的な「土地利用」を推進する」という項目が加わり、６次産業と農村RMOを「地域コミュニティの維持に必要不可欠な取組である旨を位置付ける」とされた。環境分野という括りが消え、「みどりの食料システム戦略による環境負荷低減に向けた取組強化」と「多面的機能の発揮」が大項目となり、両者に「農地周りの雑草抑制等の共同活動を通じて面的な取組を促進する仕組みを検討する」の一文が入った点も注目される。「農地周りの雑草抑制等」の意味は分かりにくいが、集落共同での畔草刈りの支援を強化したいということなのであろう。そして、これと関連する中山間地域等直接支払制度と集落を通じた資源管理政策の重要性が強調されることになった。

　ただし、これらは基本法検証部会の最終取りまとめには反映されなかったことも指摘しておく必要がある。

2）新規就農者のかなりの割合が雇用就農であることを踏まえ、それに見合う教育を農業大学校等の教育機関で行っていきたいので、それに必要な予算の拡充を求めたいということなのだろう。そこに官邸キーワードの「リスキリング」を入れて万全を期したという作文になっているように読めるのだが、どうだろうか。

3）農村分野の「今後20年を見据えた課題」では「①農村の人口減少の加速化」が最初に置かれているのに対し、「農村施策の見直しの方向」のトップは「①

人口減少下における末端の農業インフラの保全管理」であり、課題と対策との関係が整合的ではないのではないか。人口減少という課題に正面から向き合うことなく、農業インフラが農村政策の生命線だと言わんばかりの構成になっている点に違和感が残るところである。整理した課題の順序からすると、「農村施策の見直しの方向」は「②人口減少を踏まえた移住促進・農村におけるビジネスの創出」と「③都市と農村の交流、農的関係人口の増加」が「①人口減少下における末端の農業インフラの保全管理」よりも先に来るべきではないだろうか。

4）最終取りまとめの目次を示すと、「(2) 食料・農業村基本法制定後の情勢変化と今後20年を見据えた課題」は「①農村の人口減少の加速化、②農地の保全・管理レベル低下の懸念、③集落の共同活動、末端農業インフラ保全管理の困難化、④中山間地域等における集落存続の困難化、⑤鳥獣被害」となっているのに対し、これを踏まえた「(3) 農村施策の見直し方向」は「①人口減少下における末端の農業インフラ保全管理、②人口減少を踏まえた移住促進・農村におけるビジネスの創出、③都市と農村の交流、農的関係人口の増加、④多様な人材の活用による農村機能確保、⑤中山間地域における農業の継続、⑥鳥獣被害の防止」となっている。順序の問題については前掲注 (3) で指摘したが、ここでは用語の変化に注目したい。(2) の「課題」では「④中山間地域等における集落存続の困難化」として「集落」が問題とされていたのに対し、(3) の「施策」では「集落」というキーワードは消え、「農村機能」(④多様な人材の活用による農村機能確保) に置き換えられている。「⑤中山間地域における農業の継続」が実現されれば「集落」は不要ということなのだろうか。そして、集落というコミュニティを「農村機能」という「機能」という視点から把握してよいのだろうか。こうした重要な論点を突き詰めることなく、「人材」と同様いつの間にか用語が変えられ、争点が曖昧にされてしまっている点が問題なのである。

5）集落営農は法人化して農業経営体となることを政策は想定しているが、そうした経営体育成路線とは異なる方向を考える必要があることを富山大学名誉教授の酒井富夫氏は提起している（南砺市・集落営農講演資料「集落営農の変遷と次なる一手を考える」2023年６月21日)。ここでいう集落の重視はその点を視野に入れたものである。ただし、県農政における集落営農はそのように把握されており、以下の「４」と「５」は経営体育成路線からの議論となっている点、注意されたい。

6）この設問に対しては「無回答」が７％ある。

7）食料・農業・農村基本法の第４条（農業の持続的な発展）では「農業については、その有する食料その他の農産物の供給の機能及び多面的機能の重要性にかんがみ、必要な農地、農業用水その他の農業資源及び農業の担い手が確保され、地域の特性に応じてこれらが効率的に組み合わされた望ましい農業構造が確立されるとともに、農業の自然循環機能（農業生産活動が自然界における生物を介在する物質の循環に依存し、かつ、これを促進する機能をいう。

以下同じ。）が維持増進されることにより、その持続的な発展が図られなければならない」と記されている。ここにある「農業の自然循環機能」は「農業の持続的な発展」を構成する重要な要素であるにもかかわらず、このキーワードが農業政策の中に入っていないのは大きな問題だと言わざるを得ない。これに「スマート農業」が取って代わることになっているが、それで本当の意味での「持続的な発展」は実現できるかどうか大いに疑問が残るところである。

8）有機農業や環境負荷低減の取り組みが環境政策とされてしまったことで、食料安全保障を視野に入れた農業生産支持を目的とする直接支払いの可能性もなくなったと筆者はみている。直接支払いが行われる場合でも、環境負荷低減のための掛かり増し経費や農業者の活動が供給する環境便益に対する支払いに限定されることになるからである。これは英国に典型的にみられるようなPublic money for public goodsという路線である。これは環境保全型農業直接支払交付金の拡充によって実現されることになると考えるが、最終取りまとめの時点で食料安全保障のための直接支払いになる芽は摘み取られたのである。

9）ここでいう抜本的な転換とは、カール・ポランニーを強く意識した、ウルリッヒ・ブラント＆マークス・ヴィッセン（2017＝2021）で論じられている内容を想定している。

10）この「抜け道」を新（2012）は、村上・安西（1987）の56・57頁の記述にその根拠を求めている。長くなるが、原文を引用しておこう。

いつまでも居候をしているわけにもいかないので、女房の実家を出て、国分寺に引越した。どうして国分寺かというと、そこでジャズ喫茶を開こうと決心したからである。

はじめは就職してもいいな、という感じでコネのあるテレビ局なんかを幾つかまわったのだけど、仕事の内容があまりに馬鹿馬鹿しいのでやめた。そんなことをやるくらいなら小さな店でもいいから自分１人できちんとした仕事をしたかった。自分の手で材料を選んで、自分の手でものを作って、自分の手でそれを客に提供できる仕事のことだ。でも結局僕にできることといえばジャズ喫茶くらいのものだった。とにかくジャズが好きだったし、ジャズに少しでもかかわる仕事をやりたかった。

資金のことを言うと、僕と女房と２人でアルバイトをして貯めた金が250万、あとの250万は両方の親から借りた。昭和49年のことである。その当時の国分寺では500万あればわりに良い場所で20坪くらいの広さの、結構感じの良い店を作ることができた。500万というのは殆ど資本のない人間でも無理すれば集められない額の金ではなかった。つまり金はないけれど就職もしたくないという人間にも、アイデア次第でなんとか自分で商売を始めることができる時代だったのだ。国分寺の僕の店のまわりにもそういった人たちのやっている楽しい店がいっぱいあった。

でも今はそうはいかない。国分寺とか国立あたりでも土地の値段がずいぶんあがってしまったし、建築費もあがったし、駅の近くで15から20坪近くのちょっとした洒落た店をやろうと思ったら最低２千万くらい必要なのではないだろうか？２千万というのはどう考えたって若い人間が集められる金額ではない。

今、「金もないけど就職もしたくない」という思いを抱いている若者たちはいったいどのような道を歩んでいるのだろうか？かつて僕もそんな一員だっただけに、現在の閉塞した社会状況はとても心配である。抜け道の数が多ければ多いほどその社会は良い社会であると僕は思っている。

11）もちろん、ここでいう自営業はフランチャイズのようなタイプのものと違うことは言うまでもない。新自由主義に下でのフリーランスが抱える問題点は、ケン・ローチ『家族を想う時』に描かれている。

12）こうした見方は、ある意味ではプチ・ブルジョワジーに対する再評価である。ジェームズ・C・スコット（2012＝2017）の第４章「プチ・ブルジョワジーへの万歳三唱」で記されているように、彼らは自主独立した存在であり、創造性に富んでおり、平等な社会を築くための自治の基盤でもある。

13）農業経営基盤強化法の改正によって「担う者」の概念は拡張されたが、単にそれだけのことで、中小規模の家族経営を支援する具体的な施策がない点に不満が残る。「担う者」に対する直接的な支援がなければ、農地を守ることはできないからである。これでは効率的かつ安定的な農業経営に８割の農地集積が実現できないことを有耶無耶にするための改正といわれても仕方がないのではないか。

農地法の改正による農地の権利取得の下限面積の廃止は、半農半Xを農村地域に呼び込むことが目的であったことは理解できるが、零細な農地所有を増やして利用調整コストを高めることになり、将来に禍根を残す可能性はないだろうか。また、都市近郊では資産保有目的の権利取得をもたらし、無秩序な転用が進むことが危惧されるが、そのための対策は講じられているのだろうか。

引用文献

１）新雅史（2012）『商店街はなぜ滅びるのか―社会・政治・経済史から探る再生の途―』光文社新書

２）ウルリッヒ・ブラント＆マークス・ヴィッセン（2017＝2021）『地球を壊す暮らし方―帝国型生活様式と新たな搾取―』（中村健吾・斎藤幸平監訳）岩波書店

３）塩見直紀（2014）『半農半Xという生き方【決定版】』ちくま文庫

４）ジェームズ・C・スコット（2012＝2017）『実践日々のアナキズム―世界に抗う土着の作り方―』（清水展・日下渉・中津和弥訳）岩波書店

５）村上春樹・安西水丸（1987）『村上朝日堂』新潮文庫（初版は1984年若林出版企画）

【2023年11月21日　記】

第3章

農業所得の形成と適正価格
—フランスのエガリム法制定の背景にみる所得支援のあり方—

石井　圭一

1．はじめに

食料・農業・農村基本政策審議会の最終答申が示した農畜産物の適正な価格形成は基本法の見直しの方向の中でも農業界の関心が高い項目となった。「長期にわたるデフレ経済の中で、価格の安さによって競争する食品販売が普遍化し、その結果、価格形成において生産コストが十分考慮されず、また、生産コストが上昇しても販売価格に反映することが難しい状況を生み出している。このような反省から、適正な価格形成が行われるような仕組みの構築を検討するとともに、需要に応じた生産を政策として推進する必要がある」。そこで「適正な価格形成のためには、農業者・農業者団体等は、コスト構造の把握等、適切なコスト管理の下で価格交渉を行い得るような経営管理が必要である一方、消費者や流通、小売等の事業者に生産にかかるコストが認識されることも不可欠」とした。「現場では実現への期待が高い」とする意見がある一方、コストをすべて価格に反映させることに慎重な意見もあり、大きな課題となることが示された[1)]。

このような適正な価格形成をめぐってフランスにおけるエガリム法の制定とその施行について、農林水産大臣が記者会見にて質問に答える案件となったように日本の農業界で大きな関心を集めた（2022年10月28日記者会見）。現地に職員を派遣するなどして調査研究も行われ、農林水産省作成の資料やマスコミによる報道により知られることとなった。聞き覚えのある農業関係者も多いのではなかろうか。

エガリム法の正式名称を訳してみると、農業食料部門における調和のとれた商関係と健康で持続的ですべての人にアクセスできる食料のための2018年10月30日法第2018-938号となる。法律の名称にはエガリムに相当する語はない。エガリムはこの法律の成立の経緯に関わる。2017年５月、大統領選挙にてエマニュエル　マクロンが勝利すると、その翌月、公約に掲げた「食料三部会（Etats Généraux de l'Alimentation)」を開催することを表明した（石井 2023b)。これは、農業・漁業界、食品産業、流通業、消費者、給食事業、議員、社会福祉、連帯経済、保険医療、NGO、慈善団体、国際食糧援助団体、金融・保険業といった農業と食品に関わるあらゆる利害関係者の代表を集め、農業と食料をめぐる課題を公の場で協議する機会である。その目的はエガリム法の名称が示す通り、付加価値の創造と公正な価格により生産者が労働に見合う生活ができるような公平な所得分配であり、消費者の期待とニーズに合った生産への転換、そして健康で安全で持続可能な食品を優先した消費者の選択を促進することである。わが国で注目されたのは学校給食において有機農産物の使用割合の目標を定めた点、そして生産コストに基づいた農産物の適正な価格形成を促し、生産者の所得確保を目指した点である。ただ、食料三部会を通して協議された分野、課題は多岐にわたる。生産者とメーカーや流通業との商関係から、バイオエコノミーやサーキュラーエコノミー（循環経済）の発展、経営継承と世代交代、輸出振興、農業資材の投入削減、アニマルウェルフェアの監視、健康と食習慣、食品ロス削減、食料支援の振興、フェアトレード、安全性の監視体制と監督強化、内分泌かく乱物質、ナノマテリアル、農薬類、抗菌剤などに関する戦略の策定や見直し、有機農業振興、食品表示と情報提供、縦割り行政の改善、ローカルイニシアティブなどがロードマップに並び、それぞれに策定期限や検討時期が示された。

さて、以下ではフランスのエガリム法の制定の背景について、とりわけ農産物の適正な価格形成が農政上の焦点のひとつとなった背景について、農業所得の趨勢を見ながら検討したい。農業所得について消費者が負担すべきか、あるいは納税者が負担すべきか、大いなる示唆を与えてくれよう。

２．エガリム法制定の経緯とそのねらい

2018年11月に公布された第１次エガリム法が主として定めたのは、第１に農業者に対する公正な所得分配である。生産者価格等に関する契約は生産費を農業者側から提案することとし、生産者団体や業際団体の役割を強化し、業際団体は生産費や市場動向に関する種々の指標を公開し交渉の円滑化に努める。これらが順守されない場合の検査や罰則の仕組が設けられ、仲裁機能が整備される。また廉価販売の制限や生産者や中小製造業者保護のための特売の制限が設けられた。業際団体（interprofession）とは生産から加工、販売までの団体や企業で構成される民間の団体ある。例えば牛乳・乳製品の業際団体である全国酪農経済業際センター（CNIEL：Centre National Interprofessionnel de l'Economie Laitière）は生乳生産者で構成される全国生乳生産者連合会（FNPL：Fédération National des Producteurs de Lait）のほか、酪農協同組合団体、乳業メーカー団体、流通小売業界や給食、外食業界団体で構成される。

第２に衛生環境や生産環境の改善について定めた。具体的には生物多様性やみつばちの保護を目的としたネオニコチロイド系農薬の禁止、農薬販売と指導の分業、値引き販売の禁止、二酸化チタンの食品利用の禁止、住宅地等周辺の農薬使用禁止区域の設定である。第３にアニマルウェルフェアの強化である。家畜の使用や輸送における違法行為の範囲拡大、罰則の強化、と畜場における家畜保護責任者の設置、産卵鶏ケージ飼育施設の建設禁止がある。第４に健康で安全で持続的な食料消費の推進である。公共の給食・食堂における原産地や品質ラベル食材（有機食材を含む）を50％以上使用（2020年より）、食品ロス対策の強化と食料支援の拡充、外食の持ち帰りの取組である。第５に食品分野におけるプラスティックの使用削減である。地方公共団体の給食・食堂におけるプラスティック容器の使用禁止（2025年より）、外食や食品販売におけるプラスティック製ストローやスプーンの使用禁止（2020年

より)、学校給食におけるペットボトルの使用禁止（2020年より）である。農業生産や食品に関わる広範な課題が取り上げられたことがわかる。

農業者に対する適正な所得分配について、少し踏み込んでみたい。十分な農業所得の確保はフランス農政において最重要の課題であり、農業所得に関する統計調査情報はかなり充実している。2000年代後半のリーマンショックと国際的な農産物価格の高騰後にはとりわけ、畜産経営の所得が回復せず、農業内部の部門間格差は大きな問題となった。これを背景に2010年農業近代化法により食料価格・マージン形成監視機関（Observatoire de la formation des prix et des marges des produits alimentaires）が設けられ、食肉、乳製品、パン、果実・野菜、魚介類について川上から川下までそれぞれの費用とマージンに関する報告書を国会に提出することとされた。2022年報告書は500ページを超える大部の報告書である。これら報告書から、とりわけ、食肉や乳製品部門において、生産者段階において生産費を十分賄えない、経営者報酬が切り詰められるような生産者価格の形成が続いていることが確認された。2018年エガリム法が制定されても、生産費を賄えない価格形成が十分改善されない。それが2021年「エガリム2法」の制定につながった。エガリム2法は農業者所得の保護に関する法律としてその名称から目的が明確である。同法は任意であった農産物販売における書面契約の義務化、一定の指数を定め生産費や市場価格の変動に応じた価格改定の自動化、契約当事者間の紛争の仲裁機能の強化、消費者に対する生産者の受け取り額明示の試行などで構成される。

これらの制定の背景を同法成立の契機の一つとなった酪農政策の改革と乳価形成から見ていきたい。そして今日、法が定める仕組みが乳価の維持につながっていると見ていいか、考えてみたい。

３．生産調整の緩和・廃止と酪農経済

（１）乳価の国際価格化

EUの酪農政策について要点をつかんでおこう。EUでは1970代より、砂糖、

牛乳・乳製品、穀物、ワイン、牛肉、オリーブオイルなど、域内生産が可能な主要農畜産物で構造的な生産過剰が生じた。生産数量の割当制度や補償金対象の限度数量制などの生産抑制措置が講じられる一方、過剰農産物は内外価格差を輸出補助金で埋め合わせをし、EU域外に輸出された。この結果、内政的には過剰処理にかかる財政支出の膨張、対外的にはアメリカとの農産物貿易摩擦をもたらした。EU農政において生産調整政策は、農業所得政策の要となるかつての価格支持、今日の直接支払制度と並んで、根幹をなす政策体系であった。

酪農部門の生産調整は1984年に導入された牛乳の生産割当制度に始まった。EUは加盟各国に生産数量を配分し、それを越える場合に課徴金を課す仕組みであった。この課徴金はいかなる生産者も割当量を超えて生産することで利益を得られない水準に設定されるとことで、堅固な生産調整策として機能した。このとき割当量の配分、譲渡可能性やその範囲など、割当制度の運用の多くが加盟国の裁量にあった。フランスでは割当制度の取引については周辺諸国に比べて制限的に運用したことが知られている。特に過度な酪農の集約化を制限し、中山間地域における酪農の保護を主たる目的に割当量取引を県内に限定した。このことはデンマークやドイツなどと比較して、酪農の集中を阻害し引いては乳業の競争力を弱めたとも指摘される（石井 2014）。

さて、価格支持と生産調整を廃止し、国際価格のもとで農業所得を直接支払いで補填するのが今日のEU農政である。酪農部門では2003年CAP「中間レビュー」において、牛乳の生産割当制度を2015年に廃止することを決定した。2004年からはバター・スキムミルクの介入価格を引き下げ、市場価格を国際価格に誘導するとともに、2005年には牛乳生産者に対して直接支払いを導入した。そして割当制度廃止のソフトランディングを目指して、2008年CAP「ヘルスチェック」では2009年から５か年間、各国の割当数量を１％ずつ拡大することとした。こうして域内価格の国際価格化が進むとともに（**図3-1**）、それに伴い価格の乱高下は大きくなり、また乳業メーカーの競争も激しくなった（European Commission 2009）。

図3-1　EU、アメリカ、ニュージーランドの生乳価格の推移

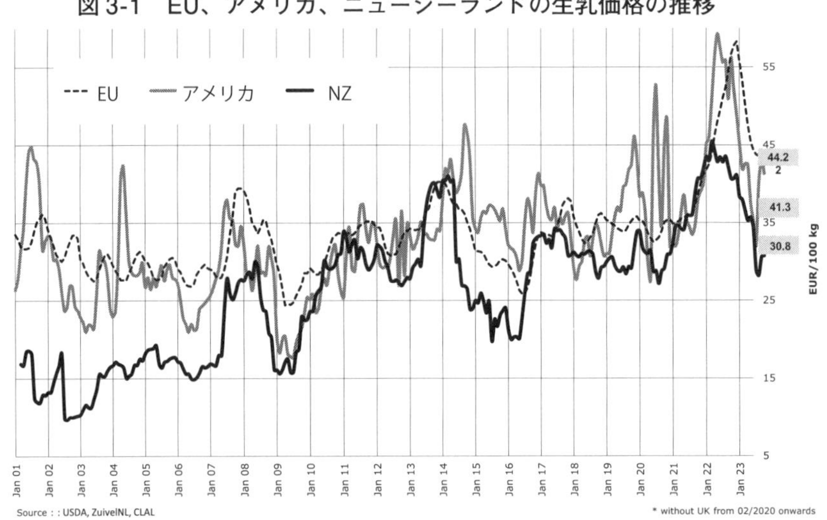

資料：European Commission, World prices of raw milk, 5 December 2023.

図3-2はフランスにおける生乳の生産者価格指数と消費者価格指数の推移を見たものである。1992～2001年の間、両指数の動きはほぼ一致するが、2002～2007年の間に生産者価格が15%下落したにもかかわらず、消費者価格は安定した。2008年から生産者価格の急騰に消費者価格は追随するが、その後の暴落時において両価格指数の間には大きなギャップが生まれた。2008年の価格暴落がその後の酪農危機を招き、EUによる市場介入等種々の対策が講じる中で、生産者と流通・小売業界間の不公正な利益配分の実態が明らかにされた（Andrault 2010）。乳価の乱高下と小売りの寡占構造に起因する消費者価格の下方硬直性である。市場指向性が強まることによる価格や所得の乱高下がEU酪農部門に不可逆的な損害を与えることはできないとし、市場参加者間の付加価値の透明で公正な分配の必要が説かれることとなった[2)]。

これを背景に制定された生乳及び乳製品部門における契約関係に関する改正規則EU規則第261/2012号、通称ミルクパッケージでは生乳取引の「契約化」，すなわち，生産者と生乳購入者（乳業等）との合意による契約書に

図 3-2　フランスにおけるセミスキムミルク（超高温殺菌）価格と生産者乳価の推移

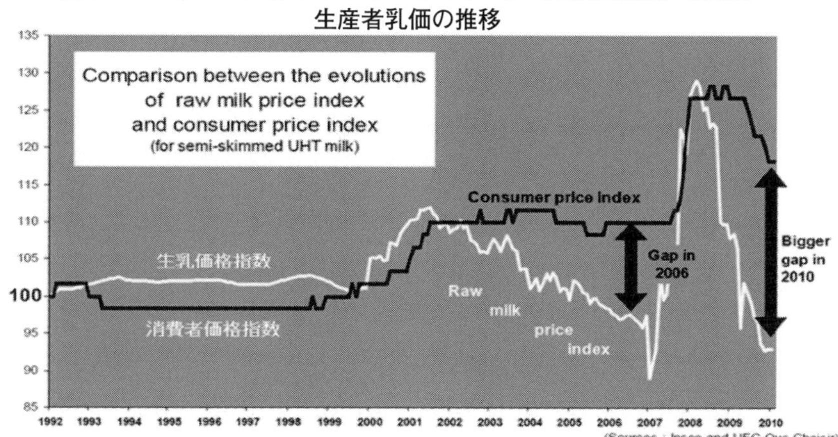

資料：Andrault O（Bureau Europeen des Unions de Consommateurs）, The evolutions of consumer of milk products in France. "What Future for Milk?" Brussels. 26 March 2010.

従った生乳取引の義務付けを加盟国が行えることとした（木下 2014）。ただし、加盟国それぞれの事情は異なる。生産者の出荷先、すなわち協同組合か、乳業メーカーか、は国により構成が大きく異なる。成分契約を義務化するのは乳業メーカーへの出荷が過半にのぼる加盟国であり、協同組合が支配的な国々では契約に関する義務付けが特に行われることはない（亀岡 2015）。なお、フランスは生産者による乳業メーカーへの出荷が過半を超える国に数えられる。

なお、**図3-1**からも観察できるように2015-16年酪農危機は、中国をはじめとした新興国の経済成長の鈍化に伴う乳製品需要の減少、ロシアの農畜産物の輸入禁止措置を大きなきっかけとするものであるが、とりわけ、EU域内主要酪農国における生産調整廃止をにらんだ増産が背景にある。このため2008年酪農危機は循環的危機であったが、2016年のそれは構造的危機とも称された。

（2）酪農経営・肉牛経営の現状

図3-3は酪農経営、肉牛経営およびフランスの農業経営全体の就業者一人

図3-3　経営者１人当たりの所得（総営業余剰）の推移

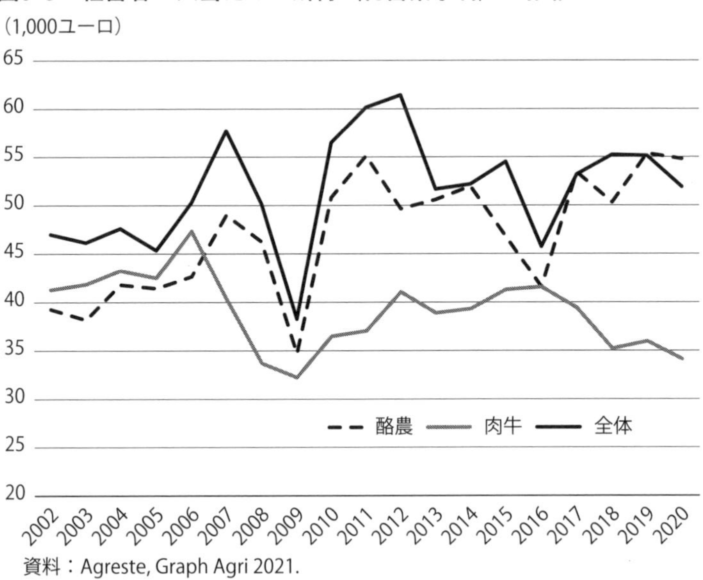

資料：Agreste, Graph Agri 2021.

当たり（雇用労働を含まない）総営業余剰推移である。販売額と助成金から物財費、賃料、支払賃金、保険料を差し引いたものでキャッシュフローを示す。減価償却費や支払い利子は含まない。酪農、肉牛ともにフランスの平均的な農業経営の所得を常に下回る。

また、**図3-4**は先の2008年酪農危機後の経営組織別の就業者１人あたりの農業所得を示す。同様に雇用労働を含まないが、ここでは総営業余剰から減価償却、支払利子が差し引かれる。資本装備の大きな酪農経営の所得を他の農業組織と比較するには課税前収支の比較が向いている。2008-10年の時点で普通畑作をはじめとした耕種部門の所得が高いことがわかる。加えてそれ以降、世界的な穀物価格の上昇を反映して、より一層所得が上向いた。他方、酪農、肉牛、ヤギ・ヒツジにみる草食家畜を主として飼養する経営では、2008-10年に最も所得が低位の部門となっており、かつ所得の上昇は見られない。むしろ、穀物価格の上昇は飼料コストの上昇につながり所得の低下要因につながった（石井 2019）。

図3-4　経営組織別雇用を除く就業者1人あたり農業所得（小経営を除く）

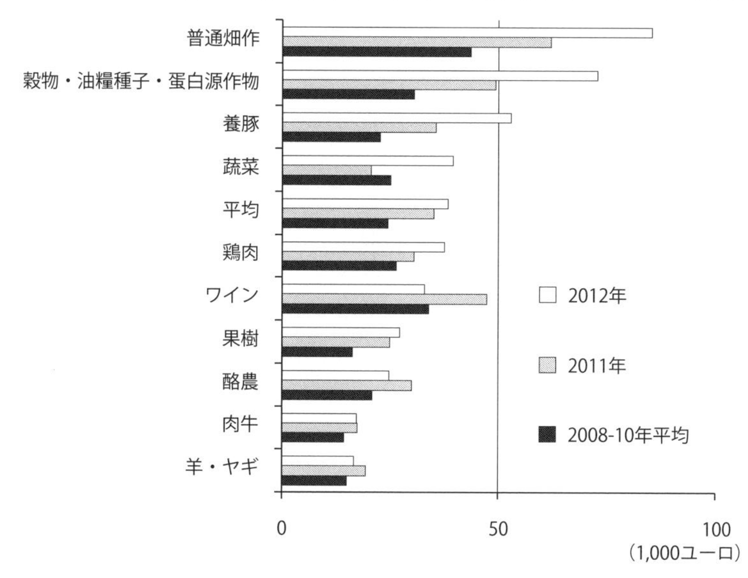

※農業所得は課税前収支（Résultat courant avant impôt）で、販売額＋経営補助金＋付加価値税還付等－投入財費用－減価償却費－賃借料－保険料－雇用賃金－租税公課－支払利子からなる。就業者には雇用を含まない。

資料：Agreste. Graph Agri 2013.より作成

2013年６月、2014年以降の新しい共通農業政策を定める一連の合意が欧州理事会、欧州議会、欧州委員会の間で交わされると、加盟各国は国内適用の具体的な制度設計に入った。このとき、フランス政府は国内適用の制度設計にかかる４つの優先課題として、畜産部門のカップリング、条件不利地域単価の大幅引き上げ、競争力の強化（とりわけ、青年農業者支援、畜産部門の施設投資）、助成金の公平な分配をかかげた（石井 2015)。ここでカップリングとはや飼養頭数や作付面積に応じた数量・面積支払いである。2021年、EU全体でみてカップリング支払いの対象品目となるのは、肉牛38.6％、牛乳・乳製品21.3％、羊肉・ヤギ肉12.9％と７割超がフランスでも所得低迷に見舞われる品目に割かれる。また、条件不利地域助成においても経営組織別にみて受給者の20％が酪農、34％が肉牛、羊・ヤギ20％、複合経営が18％で

図3-5　経営組織別の各種直接支払い等受給額（2018）

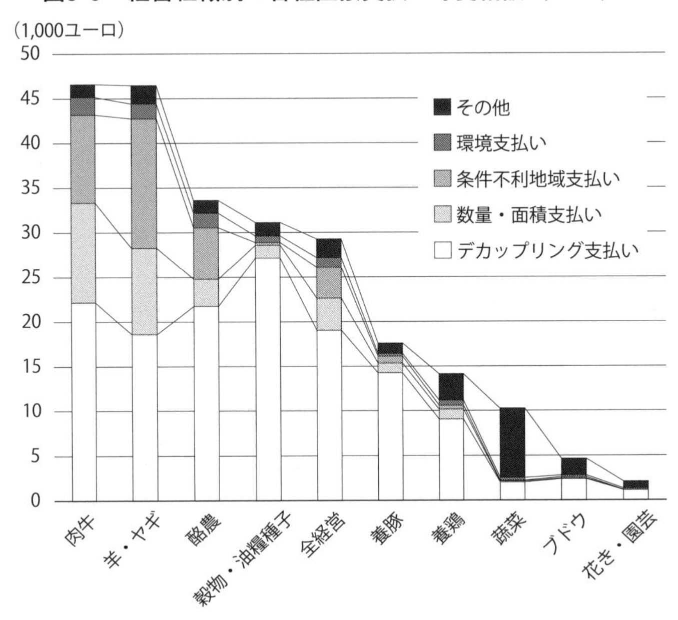

資料：農業会計情報ネットワーク（RICA）データより作成

あり、草地依存の畜産経営が対象になっている（Hanus 2018）。助成金の分配について、穀物をはじめとした普通畑作部門の支払い単価と草地基盤の畜産部門の支払い単価の是正を狙ったものである。このように4つの優先課題の主たる対象となるのが畜産、とりわけ、酪農、肉牛、ヒツジ・ヤギにみる草地利用型の畜産部門である。

2017年5月よりマクロン大統領の下での新政権において、以上の社会党政権下におけるCAPの運用の考え方は踏襲された。「助成金の公平性を高め、雇用と畜産部門に配慮したCAPの改革」として、財政支援を含め畜産部門のテコ入れを特徴とする制度設計を公にした[3)]。種々の直接支払いを合算すると、最も高額の給付を受けるのがこれら畜産部門であることがわかる（**図3-5**）。市場を通じた所得形成が構造的に困難な部門は「岩盤」たる直接支払いによりその存立が可能である。

４．価格とマージンの監視

以上のように、2000年代後半の国際的な農産物価格の高騰後にはとりわけ、畜産経営の所得が回復せず、農業内部の部門間格差は大きな問題となった。立地条件に起因する構造的な生産性格差には種々の直接支払い財源の分配のあり方の見直しが進められた（石井 2023a）。加えて、乳製品に見るように消費者価格の下方硬直性が確認され、農産物や食料品の取引価格、川上から川下までの各段階における生産費とマージンのあり方に関心が集まった（Boyer 2022）。これを背景に2010年農業漁業近代化法により食料価格・マージン形成監視機関（Observatoire de la formation des prix et des marges des produits alimentaires）が設置された。

酪農で見た場合、生産費とマージンの監視体制とはこうである。乳製品の品目は多岐にわたる。監視の対象となるのは代表的な最終製品であるロングライフ牛乳、プレーンヨーグルト、エメンタール（硬質チーズ）、カマンベール（軟質チーズ）、バターである。生産者価格は農水産物事業団（FranceAgriMer）と農業省統計局による毎週調査から得られ、脂質やたんぱく質含量で調整される。慣行乳のほか、より高価格の有機乳、地理的表示乳の生産者乳価の合算である。生産者乳価による原料調達に対して、製造過程により生じる副産物や季節的剰余や在庫の価値を勘案し製造原価を算出、これに基づきメーカーと小売りのマージンが計算される。なお、ハイパー・スーパーマーケットの小売価格はマーケティングリサーチ等の事業を行うカンターグループ（本社ロンドン）の消費者パネルを通じて、メーカーの製品出荷価格は農水産物事業団（FranceAgriMer）による毎週事業所調査から得られる。

図3-6はロングライフ牛乳の場合である。小売価格に対して小売りのマージン、メーカーのマージン、製品原価、付加価値税が示される。

生産者の収支については農業会計情報ネットワーク（RICA、EUベースで

図3-6　ロングライフ牛乳の小売価格と小売・メーカーマージン

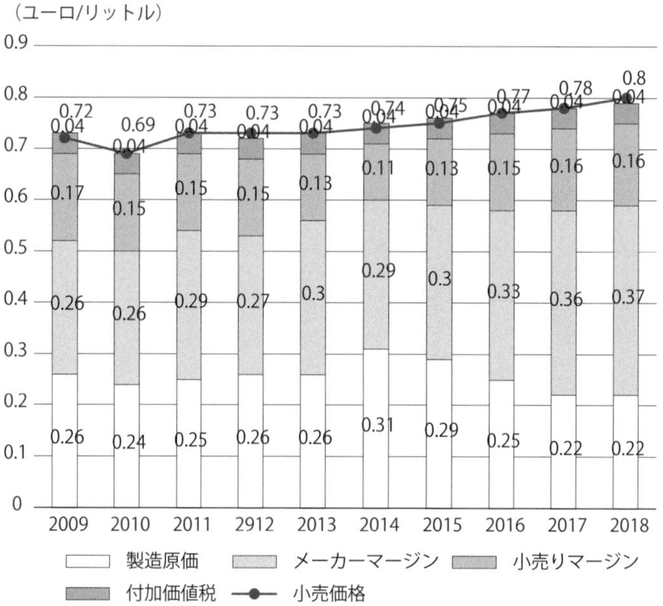

（ユーロ/リットル）

	2009	2010	2011	2912	2013	2014	2015	2016	2017	2018
製造原価	0.26	0.24	0.25	0.26	0.26	0.31	0.29	0.25	0.22	0.22
メーカーマージン	0.26	0.26	0.29	0.27	0.3	0.29	0.3	0.33	0.36	0.37
小売りマージン	0.17	0.15	0.15	0.15	0.13	0.11	0.13	0.15	0.16	0.16
付加価値税	0.04	0.04	0.04	0.04	0.04	0.04	0.04	0.04	0.04	0.04
小売価格	0.72	0.69	0.73	0.73	0.73	0.74	0.75	0.77	0.78	0.8

資料：Observatoire de la formation des prix et des marges des produits alimentaires. Rapport au Parlement 2019.

はFDAN）において経営組織として分類される「酪農」（販売額の80％以上が牛乳の経営を抽出）を対象に販売額＋直接支払い等助成金—購入飼料費—その他投入財経費—支払賃金—原価償却費—賃料・金融費・租税で得られる税引き前経営収支が評価される。これらは平地酪農と山間酪農の地帯別にも計算され公表される。2017年のケースでは自己資本、自作地、自家労働への報酬の合計は平地酪農では最低賃金の2.3倍、山間酪農では1.3倍であった。

さて、フランスはドイツに次ぐヨーロッパ第２位の牛乳生産国である。2018年、EU28か国（イギリス含む）の集乳量のうちフランスのそれは15.7％である。その割合は集乳量の増加にもかかわらず、2000年代後半より低下した（2011年は17.7％）。特にオランダ、アイルランド、ポーランドなどに比べて集乳量増加の速度は鈍い。その傾向は2015年の酪農危機後に際立

表 3-1　各国の生乳出荷量の推移

（2006＝100）

	2006	2011	2016	2021
デンマーク	100	107	119	126
ドイツ	100	111	119	119
アイルランド	100	106	112	172
フランス	100	108	108	106
オランダ	100	109	134	128
ポーランド	100	105	126	142

資料：European Commission, Annual Production Series of Dairy products. 19 October 2023.

つ（**表3-1**）。他方、フランスの集乳量の40％相当は輸出仕向けであり、輸出の60％が域内である。フランスの酪農・乳業はEU加盟国間の競争の中にあり、集乳量の伸び悩みから見てとれるようにむしろ劣勢にある。フランスの生産者乳価は種々の乳製品の国際価格の影響を強く受けざるをえない（Observatoire 2019）。

５．適正な乳価に向けて

さて、上述の食料三部会ではエガリム法をはじめとした一連の法整備に先立って、マクロン大統領自ら種々の業界に対して業界計画（Plan de la filière）の作成を求めた。これはいわば、契約化や不当廉売の防止をはじめ、食料三部会において共有した業界ごとの課題の改善計画である。酪農・乳製品業界をはじめ、牛肉、子牛、羊（乳・肉）、ヤギ（乳・肉）、馬、豚肉、ブロイラー、ウサギ、鶏卵、養鶏、馬鈴薯、穀物、植物油・植物性タンパク質、ビート、麻、トリュフ、種苗、シードル、果実・野菜、園芸・花き・造園、たばこ、草食家畜血統、バナナ、香水・香草・薬草、ワイン、フォアグラ、競走馬の部門で作成された（CNIEL 2017）。

酪農業界は2017年12月、フランス型酪農モデルを作るとして酪農業界計画

（Plan de la filière laitière）を取りまとめた（CNIEL 2017）。61,700経営、762の加工施設、29.8万人の直接雇用を擁する業界である。「土地にしっかり結びつき、地域に適応し自律的な農場を生かすのがフランス型（« à la française »）」である。すなわち、法人経営も増加しているが人間的な規模の家族経営で営まれ、草地を中心に自給飼料を基盤とする酪農経営である。加工施設は中小企業体から巨大乳業グループまで、組織形態も協同組合と私企業があり、酪農経営の多くは酪農地帯に立地するがほぼ全土に散らばる。酪農業界計画では透明で即応性があり公平な商取引の交渉条件を策定する業界組織を設立、月ごとに最新の「ダッシュボード」すなわち、酪農業界の取引に関連する種々の指標群を取り揃えることとした。この酪農業界計画には「France Terre de Lait（酪農の地フランス）」のタイトルが付され、業界を挙げた社会的責任の標語とした。そこには酪農家への公正な報酬、酪農家の休暇の促進、川上部門の社会保障、高度な製品衛生（抗生物質や農薬の不検出）、動物福祉の尊重、環境配慮の取り組みが書き込まれる。

ダッシュボードの作成とその公表は業界で信頼性の高い情報を提供し、交渉当事者間の情報の非対称性を軽減し、透明で公正な価格交渉の環境を整えることを目的とする（CNIEL 2023）。具体的に指標を列挙すると、牛乳、調整生クリーム、チーズ、脱脂粉乳、全粉乳、ホエー粉などの製品について、月ごとのメーカー製造量、小売販売量、輸出量およびそれらの価格もしくは価格指数のほか、これらの四半期、前年比の変化、そして、上述の議会報告に基づくメーカー、小売りのマージンの経年変化や平坦地域と山間地域別の生産費が記載される。また、参考データとしてドイツの生産者価格についての記載がある。ただし、メーカーと生産者間の契約価格は製造する乳製品の特性や、販路、業績等を反映してメーカーごとに異なるし、フランスの平均乳価は近隣諸国のそれとも傾向は同じでも異なるのが普通である。

牛乳生産割当の廃止後、生乳の生産者価格は国際的な乳製品価格の変動の影響を受けやすくなり不安定化した。ラクタリス、ダノン、サベンシアなどの民間メーカーに対しては生産者との書面による契約の締結が義務化され、価格決定式などは生産者団体との交渉を通して締結される。ソディアルやユーリアルなどの協同組合では価格の決定方法が組合規程に定められる。

メーカーと生産者団体が締結する生産者乳価の計算式はメーカーの製品構成により大きく異なる。各生産者向けの乳価はタンパク質3.2%、乳脂肪3.8%の牛乳について基本価格が設定され、各生産者の生乳のタンパク質、乳脂肪率、細菌数、体細胞数、季節性等を加味、遺伝子組み換えフリーや放牧の有無などがプレミアムとして評価され決定される[4)]。エガリム法を通じて生産者乳価の契約には一連の指標に基づく決定が進んだと言われるが、生産費の考慮の程度は企業と生産者団体間の交渉の結果であり、どの程度の配慮かは明らかにはならない。メーカーの販売価格は国内向けには大手小売業者との価格交渉を通して、また生乳生産の40%に相当する輸出向け製品価格はとりわけバターや粉乳の国際価格相場に依存する。通常、輸出価格はEU域内最大の生乳生産国であるドイツの価格が指標になる。

さて、生乳生産者を代表する全国生乳生産者連合会は独自に生産者にとって望ましい価格として「適正価格（prix conforme）の計算式を作成した[5)]。適正価格は生乳原価の60%、ドイツ生産者価格の20%、バター・粉乳価格の20%を足し合わせた値である。生産者からみて法令が定める通り酪農の生産費を十分に考慮したならば、得られるであろう乳価である。この適正価格と大手製酪メーカーによる生産者向け支払価格を比較したのが**図3-7**である。ラクタリス（Lactalis）社は民間企業でおよそ9,500 の生産者より集乳（www.lactalis.comによる）、ソディアル（Sodiaal）社は協同組合企業でおよそ1.6万の生産者より集乳（https://sodiaal.coopによる）、ともにフランスでは最大手の製酪企業である。2022年にソディアル社が生産者に支払う平均乳価は403.8ユーロ/1,000リットルで、牛乳生産者団体FNPLの計算による適正価格451.0ユーロ/1,000リットルを47.50ユーロ下回る。また、ラクタリス社の生産者向け平均乳価425.1ユーロ/1,000リットルであり、適正乳価453.6ユーロ/1,000リットルよりも28.5ユーロ下回る。なお、下半期にラクタリス社は生産者との協議なしに基準価格を改定、生産者の訴えにより調停人が介入し適

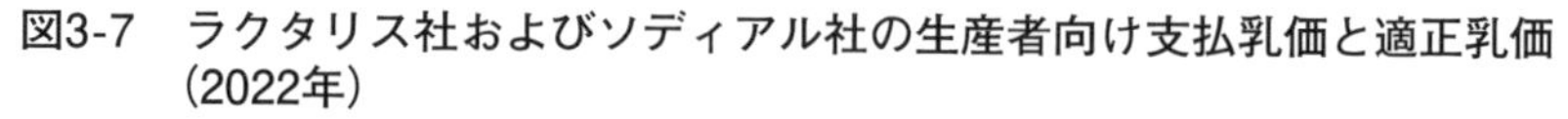

図3-7　ラクタリス社およびソディアル社の生産者向け支払乳価と適正乳価（2022年）

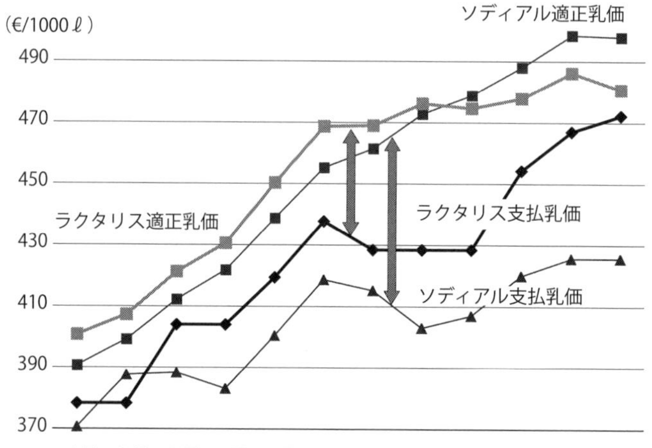

資料：FNPL (web-agri.fr), le 21/12/2022.

正価格より8ユーロ低い価格を生産者団体に回答することとなった[6)]。調停の仕組みが一定程度機能した事例である[7)]。

業際団体のCNIELはエガリム法における生産費の考慮にあたって、農業者の経理を受託する会計センターや畜産向けのアドバイザー機関、畜産技術センター（Institut de l'élevage）から情報を得て、当該年の生産費と生産原価を翌年11月に公表する体制を整えた。これは従来、農業会計情報ネットワーク（FADN/RICA）に比べて迅速な公表となる（CNIEL 2023a）。

ここで生産費は種々の流動費および固定費、減価償却費、資本利子、自作地地代、最低賃金の2倍に相当する経営者報酬からなる。生産原価は生産コストから助成金、子牛や乳廃牛などの販売収益を差し引いた額となる（CNIEL 2023b）。CNIELは平地慣行酪農、山地慣行酪農、平地有機酪農、山地有機酪農の生産費、生産原価の年平均を算出する。これが業界全体で認知された生産費と生産原価となる。

６．むすび

以上にようにエガリム法にて農産物の適正かつ公正な価格形成を促すような契約化や生産費の考慮は進んでいる。ただし、実際は国際乳価の高騰や生産投入財価格の急激な変動に生産者乳価は十分に反応できずにいるし、メーカーと生産者団体の軋轢が解消されたわけでは全くない。どのメーカーの乳価も生産者団体が示す「適正価格」に達することはなく、その水準もメーカーごとに異なる。

EUにおいては生産調整の廃止と市場介入の大幅制限により、乳価や乳製品価格は国際価格に連動している。価格支持と生産調整を行っていた際には比較的価格は安定したが、国際化により乱高下が激しくなった。小売業界の寡占化への対抗措置として、市場参加者間の公正な利益分配のための契約化や生産費の考慮がなされたとしても、EU域内市場をめぐる競争や域外を含めた国際競争のもとで、フランス国内の生産費が十分配慮されるかの保証はない。国際競争下の最終製品価格であれば、価格転嫁は難しい。生産物価格、投入財価格の激しい変動に対して、生産者の所得の安定を高めるにはさらなる仕組みが求められるだろう。

他方、国際乳価のもとで酪農における農業所得は種々の直接支払いで構成されていることを合わせてみた。給付単価が固定されたデカップリング支払いに、種々の数量・頭数支払いが上乗せされ、地域に応じては条件不利地域支払いが加わる。農業所得の趨勢を見ても、草地依存型の畜産の農業所得はかねてより農業経営全体の平均を下回り、フランス農政においても最重点部門にあたる。フランスでは農業所得に匹敵する直接支払いが酪農経営を支え、生産物の国際化のもとで生じる構造的な低所得には納税者負担による所得形成が行われてきた。ただし、これら直接支払いはおおむね７年ごとに作成されるEUの中期財政計画のもとで編成されるから、直接支払いのスキームや給付単価の大幅変更は短期的には難しい。生産者の交渉力の向上による適正で公正な生産者価格の確保はより短期的な農業所得政策である。

再生産に必要な生産者価格と消費者が受け入れられる消費者価格のギャップをだれがどう埋めるか。デフレ経済下において消費者による負担能力に限界があれば、コストを反映した適正価格は需要の低下を招くであろう。かかる状況が構造的であれば、EUが行うような直接支払いを通した納税者負担による所得形成を考えるべきではないだろうか。

注

1）農業協同組合新聞「適正な農畜産物の価格形成　大きな課題　農政審検証部会」2023年９月12日（https://www.jacom.or.jp/nousei/news/2023/09/230912-69301.php）.
2）2010年３月26日開催の「牛乳の将来とは」と題された欧州委員会主催の会合における欧州委員会Jean-Luc Demarty農業総局長による結語より。
3）Déclaration de M. Emmanuel Macron, Président de la République, sur la politique agricole, à Verneuil-sur-Vienne le 9 juin 2017.
4）Réussir lait, Le 8 janvier 2023.
5）FNPLによればエガリム法に適合した価格の意味が込められており、ここでは「適正価格」の訳語をあてた。
6）La France Agricole. Le 28 décembre 2022.
7）Réssir Lait. Le 5 janvier 2023.

参考文献

Andrault O.（2010）The evolutions of consumer prices of milk producers in France. Bureau Européenne des Unions de Consommateurs, Conference “What future for Milk?” Brussels, 26 March 2010.

Boyer Ph., Hourt A., Paquotte Ph.（2022）L’Observatoire de la formation des prix et des marges des produits alimentaires（OFPM）：un outil au service des professionnels et de l’action publique. Analyse N., 182, Centre d’etudes et prospectives.

CNIEL（2017）Plan Filière Laitière.

CNIEL（2021a）Notice explicative Observatoire des coûts de production/prix de revient 2021.

CNIEL（2021b）Notice méthodologique Observatoire des coûts de production/prix de revient.

CNIEL（2023）Tableau de bord. Indicateurs de CNIEL.

European Commission（2009）Dairy market situation 2009. COM（2009）385 final.

Hanus A., Kervarec F., Strosser P., Saint-Pierre C., Hanus G.（2018）Evaluation des paramètres de l'indemnité compensatoire de handicaps naturels（ICHN）: principaux résultats et spécificités territoriales. Notes et études socio-économiques n.43.

石井圭一（2014）「EUの農業政策と生産権取引―牛乳生産割当制度を例に―」堀口健治編著『再生可能資源と役立つ市場取引』御茶ノ水書房.

石井圭一（2015）「2013年CAP改革とフランス農業―畜産重視の制度設計―」『農村と都市をむすぶ』第761号.

石井圭一（2019）「EU酪農自由化下のフランスの政策対応と農業構造」『農業問題研究』第50巻第2号.

石井圭一（2023a）「EU農業―市場・環境・再分配―」『世界農業市場の変動と転換』講座　これからの食料・農業市場学　第1巻，筑波書房.

石井圭一（2023b）「フランスのエガリム（食料三部会）法の背景と経緯」『地域と経済』129号.

亀岡鉱平（2015）「EU生乳クオータ制度の廃止と対応策―30年間続いた生産調整の終焉―」農林金融第68巻第9号.

木下順子（2014）「EU（欧州連合）の酪農政策改革―酪農家の組織力強化をめざす「酪農パッケージ」の概要―」PRIMAFF review 60.

Observatoire de la formation des prix et des marges des produits alimentaires（2019）Rapport au Parlement 2019.

新山陽子（2023）「フランスのエガリム法・エガリムⅡ法の目的と仕組み～生産者を考慮した公正な農産物価格の形成に向けて～」農政調査時報　第589号.

〔2023年12月15日記〕

第4章

「環境政策」・「みどり戦略」の本命は有機農業

久保田　裕子

1．「環境政策」と「有機農業」は最優先課題

（1）地球環境からの警告

『沈黙の春』（カーソン1962）の警告からすでに60余年。SDGsでよく引用される図「プラネタリー・バウンダリー」（地球環境容量の限界）でも生物多様性の危機の危険度がきわめて高い。これに農業分野で負の影響を及ぼしている化学合成農薬（以下、農薬）の影響については、ミツバチの大量死[1)]からの問題提起を経て、今や昆虫の「沈黙の春」『サイレント・アース』（グールソン2022）さえ、警告されている。

日本における農薬使用状況は、食料・農業・農村政策審議会検証部会における「食料・農業・農村をめぐる情勢の変化（持続可能な農業の確立）」（第７回資料３）にあり、化学合成農薬（以下、農薬）の農地単位面積当たりの農薬使用量は、11.9kg／haで、世界でも１、２を争うほど多い。薬剤抵抗性を獲得した病害虫が発生する事態も生じていることも指摘されている。そのため、「化学合成農薬を使用しない有機農業の拡大や、化学農薬のみに依存しない発生予防を中心とした『総合防除』を推進」することが求められるとしている。

特にネオニコチノイド系農薬は、日本でもイネのカメムシ防除をはじめ、野菜、果樹に幅広い用途で使われている殺虫剤で、①無味無臭、②残効性が高い、③浸透性が強い、④神経毒性であるという性質がある。また、⑤代謝物の排泄が遅いので毒性が積み重なり、代謝物（分解物）ほど強毒性のもの

もあり、⑥中間代謝物の種類が多く、検出が困難であることも指摘されている。

このような農薬等が子供（胎児含む）の健康（発達障害等）に影響を及ぼすことは専門家の間で認識されており、近年はこの面からの警告も発せられている[2)]。特に、ネオニコチノイド系農薬、有機リン系農薬（クロルピリホス等)、除草剤のグリホサート製剤は、「予防原則」の考えで今すぐにでも禁止措置・厳しい規制をすべきである。そして求められるのは、有機農業への速やかな転換である。

「プラネタリー・バウンダリー」で突出している窒素、リンについては、日本の窒素収支、りん収支（2014～2016の平均値）をOECD資料でみると、窒素収支では韓国、オランダに次いで３位、りん収支では１位、世界全体の平均水準のほぼ２倍に当たるという。いずれも化学肥料の要素であり、農薬使用と並び、有機農業への速やかな転換が求められる[3)]。

化学肥料は、土壌中の微生物や土中生物に悪影響を及ぼす。作物が不健康になって病害虫を呼び、農薬使用を促すともいわれている。窒素はまた、地球温暖化の原因物質とも密接に関わる。リンは、水系を伝わって富栄養化を引き起こす原因となる。これらの化学肥料の原料はほぼ100％輸入に頼っていることから、食料安全保障の観点からも、化学肥料の削減や有機農業への転換が求められるが、その際に留意すべきことは、有機農業では「良質の堆肥」を土づくりに使うことが鉄則である。そのため、有機JAS認証基準で「下水汚泥」の使用は認められていない。化学肥料に代わる肥料への転換を急ぐあまり、畜産廃棄物由来の肥料や下水汚泥の利用が拙速に行われないようにしなければならない。

（2）SDGsの基盤「自然資本」

食料・農業・農村に限らず、人々の生命と暮らしの存立基盤は、SDGsのデコレーションケーキの図で言えば「自然資本」と呼ばれる自然そのものである。等身大でみるなら身の周りにある「森・里・海」であり、地球に注ぎ込む太陽エネルギーによる水の自然循環、土を介した生物の生命と物質を介した自然循環などでつくられる自然生態系（エコシステム）である。人々はその中に暮らし、鉱工業、商業、農業などの経済活動を行い、これまでに自然資本をいためつけてきた。

農業生産も含め経済活動は、自然資本である地球環境の容量を超えない範囲内に留めなければならないし、その土台そのものを守り、健全なものに高めていかなければならない。農業はまさに自然資本のもつ自然循環を活用して生産物を得る活動であるが、工業と異なるところは、その基盤となる自然そのものと一体となって、自然生態系を活用し、その成果を収穫物（食料）として受け取るところにある。

近年は、自然生態系に依拠する農業生産も「生態系サービス」のひとつと呼ばれるようになっているが、生物多様性をはじめとする自然が豊かであればあるほど、それによりもたらされる「自然の恵み」も豊かになる。拠って立つ自然をより豊かに回復し、さらに創造していこうという「ネイチャー・ポジティブ」が合い言葉として言われるようになった。

「生態系サービス」とはわかりにくい言葉だが、これは、現行基本法でいう「多面的機能の発揮」（第３条）と重ね合わせて捉えられている。「ネイチャー・ポジティブ」については、これもまた広い概念だが、現行基本法では、「農業の持続的発展」（第４条）とそれを踏まえた「自然循環機能の維持増進」（第32条）、（農村の総合的な振興）（第34条）に当たる。これからの基本法に求められるのは、森・里・海の自然自体の保全により自然の恵みをよりいっそう引き出すためにも、持続可能な農業の確立、自然循環機能を大きく増進させる有機農業を重視することである。

（3）自然資本の上に成り立つ伝統的農業

ひるがえって、日本列島の自然環境をみると、大方は温暖な温帯アジアモンスーン地帯にあって、豊富な日照と降雨に恵まれ、緑に覆われた深い山々やなだらかな丘陵、多数の湖沼や河川があり、肥沃な大地が広がっている。

世界でも稀にみるほど農業に適している。この自然の恵みを活かして祖先は営々と田畑を築き、海の幸・山の幸を食卓に供し、欧米の10分の１や100分の１の面積で多数の人口を養ってきた。

戦後は「地主－小作制度」が農地解放でなくなり、「自作農」を主としたそれぞれの地域に根差した生業（なりわい）として再出発した。水田稲作を中心に、それぞれの地域の気候風土で培われた伝統的な産業（薪炭、木綿織物、沿岸の漁業など）が組み合わされ、小規模な分散型エネルギーといえる地形を活かした水車（揚水、粉挽き、いも洗い、製材など）や水路利用の小規模発電も行われ、地域それぞれの自給経済と自給的暮らしの一時期を形成した[4)]。

このような伝統的な農業が一変したのは、旧農業基本法（1961年）により「農業の近代化」が導入され、機械化、専作・大規模化（選択的拡大）と大量生産・大量消費の流通広域化が推進されてからのことである。小規模な自作農の農家の多くは、大規模化にはすぐには応じなかったが、単作機械化経営に転じた。機械化と同時に化学肥料・農薬の使用量が格段に増えた。

旧基本法で導入された近代農業に対して、農学者の立場からいちはやく批判したのは、飯沼二郎（1918-2005）であった。19世紀イギリスの農業革命の研究から出発し、日本の農業革命の可能性と在り方を、近代農学の祖といわれるアルブレヒト・テーアの『合理的農業』の原理、ドイツ、フランスの農業革命、著書『風土と歴史』に示した世界の気候と農業の４類型によるイギリスと日本の違い、共著『近世農書に学ぶ』では日本の伝統農法を振り返る『日本農書全集』（農山漁村文化協会）の編集委員を通じての日本農業の再生の可能性などを克明な研究で積み上げて、それらの集大成『農業革命の研究―近代農学の成立と破綻』（1985年）では、そのサブタイトルにあるように近代農学、すなわち近代農業の破綻と結論づけた。

テーアが目的とした「合理的農業」は、「最小の労力で最大の純収益を持続的にあげること」、すなわち経済合理主義、資本主義的な合理性の追求にあった。それは、それぞれの地域（国、地方）の風土を生かすことでもあったが、日本の農業近代化は、日本の風土と農業技術、経営の特徴である複合経営を否定し、北ヨーロッパの風土の上に成り立つ大型・単作経営、機械化の「西洋化」を外から採り入れたところに誤りがあった。風土と伝統的農業を活かす合理化・近代化を図るところに農業の未来があると飯沼は述べて、その後、1978年には兵庫県有機農業研究会を立ち上げて「生産者と消費者の提携」(「提携」、産消提携) を実践していた保田茂氏 (現・神戸大学名誉教授) との共著『産直－ムラとまちの連帯－農業問い直しの提言』を刊行して、「提携」による有機農業を高く評価した。その後も、山形県高畠町で有機農業を実践する星寛治 (詩人、著書、評論多数) の家族農業論や田園文化論等をとりあげ紹介している。

(4) 伝統的農業の延長上にある有機農業

高度経済成長時代に農業・農村は、重化学工業優先の政策によって、化学肥料・農薬等の製品の供給先とされる一方、都市への労働力の供給元となり、人口を失い、活力も低下する道をたどった。化学肥料による土壌の劣化が問題となり、農薬使用ではヘリコプターによる空中散布が農家自身の健康問題、周辺住民の健康問題、大気・河川の農薬汚染や生物多様性の損失が問題になった。

このような状況下、日本では草の根の取組みとして有機農業が開始された。旧基本法制定から10年経った1971年、「慣行農業」を総点検し、「一旦、伝統的な農法に立ち戻り、そこから出直し、環境を汚染しない新たな農法の確立をめざそう」と、「日本有機農業研究会」が立ち上がった。

1974年から75年にかけては、人気作家有吉佐和子が「朝日新聞」の連載小説『複合汚染』で大気汚染や化学物質の汚染問題を取り上げると同時に、希望の持てるものとして有機農業に取り組む青年たちを紹介したことで、有機農業の名はよく知られるようになった。大都市や地方の中核都市では有機の生産者と消費者グループが直に契約して自主的な独自の流通をつくりだす、「提携」(産消提携) の取組みが各地に点々とみられるようになった[5)]。

有機農業は伝統に学び、それを現代に活かす農業である[6)]ことから、地域の環境保全をはじめ、伝統的な農法と共にあった地域の食文化や民芸などの文化にも及ぶ。そうした観点から今、農林水産省の有機農業推進施策の中で注目されているのは、「オーガニックビレッジ」の支援事業であろう。

これは、有機農業推進基本方針（第３期、2020年４月30日）にある「『有機の里づくり』などの有機農業を核とした地域農業の振興を全国に展開していくため、有機農業を活かして地域振興につなげている地方公共団体の相互の交流や連携を促すためのネットワーク構築、自治体と事業者等との連携の促進に努める」に基づき行われ、その後の「みどりの食料システム戦略」（以下、「みどり戦略」）により予算的に補強された事業である。

「オーガニックビレッジ」とは、「有機農業の生産から消費まで一貫し、農業者のみならず事業者や地域内外の住民を巻き込んだ地域ぐるみの取組を進める市町村のこと」。農林水産省は、このような先進的なモデル地区を順次創出し、「横展開」を図っていくとしており、2025年までに100市町村、2030年までに200市町村で「オーガニックビレッジ宣言」を目標に掲げている。2023年12月時点では目標値に近い92市町村が宣言をしている。

2．「有機農業」の正当な位置づけを

（１）自然生態系を守り環境を創造

現行基本法からの20年間の情勢変化として、環境政策に関わるものでは、2006年の有機農業推進法の制定は、きわめて重要なものとして位置づけられるべき法律である。しかしながら、基本法見直しの食料・農業・農村政策審議会答申や検証部会での事務局資料（第７回、第13回）での扱いは限定的なものに留まっているようにみえる。

特に第７回の「資料３」、「『持続可能な農業』をとりまく国際動向と農林水産施策の変遷」の図表（p.4）の中に「有機農業推進法」の記載がないのには愕然とした。

そもそも、この有機農業推進法は、当の現行基本法の第32条「自然循環機能の維持増進」をはじめ、「農業の持続的な発展」（第４条）、「食料の安全性の確保及び品質の改善」（第16条条文）等の規定を具体化するものとして制定された。その目的（第１条）は、基本理念を定めて国及び地方公共団体が有機農業の推進に関する施策を総合的に講じることを責務とした基本法であり、法律の構成や格からみても重視されるべき法律となっている。

現行基本法に基づく、有機農業の推進の拠りどころは、農業が有する「自然循環機能の維持増進」を、有機農業は「大きく増進させる」と位置づけている点である。「自然循環機能」とは、「農業生産活動が自然界における生物を介在する物質の循環に依存し、かつ、これを促進する機能をいう」と、基本法第４条にある。有機農業では、原則として化学肥料・農薬を使用しないのでこれに大きく貢献するのである。

直近の有機農業推進基本方針（2020年４月30日）では、「近年、有機農業が生物多様性保全や地球温暖化防止等に高い効果を示すことが明らかになってきており、その取組拡大は農業施策全体及び農村における国連の持続可能な開発目標（SDGs）の達成にも貢献するものである」と書き加えられ、有機農業のもつ環境政策への貢献の位置づけが強まった。食料・農業・農村基本計画（2020年３月）にも「有機農業の更なる推進」として、有機農業推進基本方針の総論部分がそっくり書き込まれた。

したがって、基本法見直しでは、今度は逆に、新基本法自体の条文に「有機農業の推進」を明記すべきである。特に、有機農業の推進は、第一義的に「農業政策」の筆頭に位置づけるべきである。「環境政策」においても、生物多様性の保全増進、化学肥料・農薬の削減、土壌の保全等における有機農業の貢献が明記されるべきである。

（２）有機農業推進法の制定過程

有機農業推進法は、「みどり戦略」より遡ること14年、2006年12月８日に超党派でつくる有機農業推進議員連盟（2004年11月結成）による議員立法で成立、12月15日に公布された。成立に至る国会審議は、両院のそれぞれの農林水産委員長が提案し本会議でも全会一致でただちに成立というめざましいものだった。成立時の推進議員連盟参加議員数は衆議院102名、参議院59名、計161名。会長谷津義男（衆・自民）、副会長福本潤一（参・公明）、事務局長ツルネン・マルテイ（参・民主）。国会審議の前に推進議員連盟は17回にわたる勉強会や立法作業部会、２回の現地視察、シンポジウムを行い、具体的な法案の検討も重ねた末の国会上程だった。

その前にはさらに長い検討を経た経緯がある。有機農業運動の身近にいた有機農業研究者らによる研究から始まり、2005年８月には日本有機農業学会（1999年設立）有機農業政策研究小委員会が条文にまで及ぶ『有機農業推進法試案』を策定・公表した。有機農業推進議員連盟は、有機農業運動35年の成果を汲んだ専門家による学会試案をたたき台にしてその骨子を活かして法制化したのである。

有機農業の現状を踏まえたという点では、たとえば推進議員連盟は、2005年７月に栃木県にあるNPO民間稲作研究所（当時、稲葉光國代表）の現地視察を行い、さらに研究会も開いている。稲葉氏といえば、豊岡市（兵庫県）のコウノトリ復活、いすみ市の学校給食への有機米導入の技術指導で知られている。谷津会長をはじめ多くの議員や関係者が稲作の５割を有機に転換することは可能だと確信したと稲葉氏は回想している[7)]。

このように、有機農業推進法及びその施策は、法体系からみても、農業環境政策の根幹に据えられるべきものである。その意味では、本来は、「みどりの食料システム法」による政策は有機農業推進を補完・強化する関係にある。基本法見直しにあっては、「有機農業の推進」を明記して正当に位置づけ、「環境政策」及び「農業政策」の筆頭に位置づけるべきである。

3.「環境政策」と「みどり戦略」

(1)「環境政策」と国際動向

農政における「環境政策」の強化は、むしろ、国際的な動向からもたらされたともいえる。1992年の「地球サミット」(国連環境開発会議)(ブラジル・リオ・デ・ジャネイロ)では生物多様性条約が結ばれた。環境への関心が盛り上がり、「新農政」(1992年)には「環境保全型農業」の推進が明記され、農政における環境農業政策の端緒となった。

その定義は「環境のもつ物質循環機能を生かし、環境との調和に留意しつつ、土づくり等を通じて化学肥料・農薬の使用等による環境負荷の軽減に配慮した持続的な農業」。当初は、慣行栽培の２～３割の化学肥料・農薬削減するという内容であった。後に、５割減を要件に「エコ・ファーマー」認定制度ができる。これは慣行農法から化学肥料・農薬を低減させていくもので、農業システムとして別体系ともいえる有機農業に容易につながらない弊がある。少しでも殺虫剤や除草剤を使えば、天敵のクモやトンボが死に、桐谷圭治の提唱する総合的生物多様性管理(IBM)[8)]が働きにくくなるからである。2006年に有機農業推進法が制定され、ようやく、有機農業が筆頭に据えられるようになったが、「オーガニック・エコ農業」などの呼称で、有機農業も環境保全型農業の範疇に入れられているのが現状である。

その後、農業の「環境政策」の議論は、化学肥料・農薬だけでなく、「多面的機能」、「生物多様性」、「地球温暖化対策」・「気候変動」、SDGsへと、広がってきた。1996年には、世界の飢餓をなくすためにFAOが「食料サミット」をローマで開く。そこではWTOの貿易交渉を前にして、農業生産は食料生産以外に「多面的機能」を有することを日本政府も打ち出した。

「気候変動」では、1997年に京都で開催された地球温暖化防止京都会議(COP3)では、二酸化炭素、メタン、一酸化二窒素(亜酸化窒素)等の温室効果ガスの削減目標を決めた。これは2015年パリ協定につながる。2000年に開催された国連ミレミアムサミットでは、飢餓の撲滅など８つの目標が決められ、これは2015年、より包括的な「持続可能な開発のための2030年アジェンダ」（アジェンダ30）において17の「持続可能な開発目標」（SDGs）に発展する。

SDGsも生物多様性、気候変動も、国際的な議論では、いわゆる先進国が主導的立場で進めてきた工業社会や工業的農業に対して、大地に根差して生きる伝統的な暮らしや農耕の地平に立って、本来の自然のもつ豊かさや強靱さ（レジリエンス）を取り戻そうという意思が表れている。具体的には、小規模農家や家族農業による有機農業・アグロエコロジーと同義の持続可能な農業と一体となって進めるという方向に向かっている。SDGsもこのような世界の潮流の上に決められたものだ。

だが、現行の食料・農業・農村基本法でも、その基本計画においても、工業の論理と工業的農業による「生産性」「効率」を優先することでは変わらず、第５次基本計画では、「農業を成長産業にする」という掛け声で、その方向性はさらに強められている。

今回の基本法見直しの議論では、「食料安全保障」が前面に出されたため、小規模農家や家族農業、有機農業は影を潜めた感がある。「環境政策」を解決に導くのは大規模なスマート農業というより、小規模であってもそれぞれが有機農業に取り組むことから始まるのではなかろうか。小規模・家族的規模の農家を評価した環境政策の網が、食料、農業、農村の各施策に及ぶような位置づけをすべきである。

（2）「みどり戦略」にみる有機農業とイノベーションの矛盾

「みどり戦略」[9)]は、直近の2020年３月31日に閣議決定された第５次「食料・農業・農村基本計画」を踏まえ、コロナ・パンデミック（WHO、は2020年３月11日に宣言）以後の世界の食料供給の混乱や農業環境政策をめぐる諸外国の動向と2020年10月当時の菅義偉首相の所信表明演説で打ち出した「2050年カーボンニュートラル（CO2排出実質ゼロ）宣言」などを勘案して、具体的には2021年９月の「国連食料システムサミット」（首脳級）に合わせて策定された。中長期的な観点から、食料システム全体、すなわち調達、生産、加工流通、消費の各段階にわたって、カーボンニュートラル等の環境負荷軽減を図るものとなっている。

「バックキャスティング」という手法で、2050年時点のあるべき目標「重要業績評価指標」（Key Performance Indicator KPIと略）として14項目を挙げた。その筆頭には、本文では、①化学農薬使用量をリスク換算で50％低減、②化学肥料の使用量を30％低減、そして③として、有機農業（国際水準）の取組面積を耕地面積の25％、面積にして100万haが挙がっている。

先にみたように、「プラネタリー・バウンダリー」で生物多様性の劣化、リンと窒素の過剰使用に危険信号がともっているのであるから、「環境保全」の項目として有機農業の拡大を掲げるのは理に適っている。日頃の危機感からみると、むしろ25％は低いくらいであるが、ここでは正当に有機農業推進法を踏まえた「有機農業の拡大」を挙げた点は多としたい。

ただし、現時点での全農地に占める有機農業面積は１％にも満たない現状であるので、この目標値を達成するためには、あらゆる方面から有機農業の推進に施策を集中させなければならない。研究、調査、農場での農家と協力した実証研究、各段階での教育、就農者の研修、普及員の派遣、相談会や研究会、交流などに予算を振り向け、総力を挙げて取り組めば、できないことはない。農家は技術力をもっているので、有機農業推進法の理念の一つにあるように、上意下達を避けて「自主性を尊重」することが大切だが、その社会環境を整備すれば、できないことはない。

そこで、その他の項目に目を転じると、サブタイトル「食料・農林水産業の成長力向上と持続可能性の両立をイノベーションで実現」に如実に表れているように、工業的農業につながる「イノベーション」の推進が主流になっている。すでに国策として「科学技術・イノベーション基本計画」や「統合イノベーション戦略」などが打ち出されているので、「みどり戦略」は、25％は有機農業をめざすとしたものの、大半以上の75％は「スマート農業」、バイオテクノロジーをはじめとする種々の「革新的技術」を環境政策に及ぼし、「成長産業」に寄与するしかけが組み込まれている。

だが、この方向性を太い柱として突進して、だいじょうぶなのだろうか。

「みどり戦略」の「中間とりまとめ」に対する「意見募集」（パブリックコメント、2021年３月30日～４月12日）では、特にゲノム編集技術に係る意見が16,555件もあり、将来世代や環境・生態系への影響を懸念するもの、表示なしで知らない間に出回ることへの批判、「戦略」からの削除を求める声が多かった。農薬・肥料についての161件でも、RNA農薬への懸念や水資源の汚染問題への対処が示された。食品産業（485件）では、「代用肉」「培養肉」への懸念もあった。

「スマート農業」は、一面で省力化や人手不足の解消に貢献できたとしても、農家・農業がデジタル・AI産業の実需者としてこれらの産業に奉仕する農業になりかねない。大型・小型の自動機械化、AI施設化なども、企業主導の農業となる方向にある。たとえ初期投資に補助金が出たとしても維持経費はかさみ、過剰投資に陥ることが懸念される。

また、「みどり戦略」には、「研究開発の企画段階から事業化を見据えた知財戦略の策定と実行」とも述べてある。すでに遺伝子操作技術（ゲノム編集）の商品化が、大学発のベンチャー会社と連携して進められている。産官学連携が推奨され、新品種に育成者権や特許を付け、それを民間が営利事業として引き継ぐというしくみは、公的な農研機構や農業試験場などがひとにぎりの企業の儲けのために働くという構図である。遺伝子操作技術の事業化（商品化、実用化）は、食品の質の劣化につながるので、禁止すべきである。農業は公共的な社会的資本であり、研究開発費は「私」ではなく「公」「共」のものとして、それに見合う、安心できる内容の研究開発であるべきだ。

現行基本法は、消費者、国民の立場から幅広く検討され、調査会会長にはフランス文学が専門の木村尚三郎氏が当たった。基本法見直しには、その方向性をさらに進め、工業的農業の発展ではなく、すでに何十年にもわたる農政で基盤が失われている恐れがあるが、日本の風土に根ざして育まれてきた伝統的な農法を現代に活かす、そして、自然の摂理にのっとった真に持続可能な農業を基本に据えた発展に向かうべきである。

４．2050年における「有機農業」

有機農業は、今、ようやく点から面へ広がりつつある。有機農業が地域づくりの核となって地域振興に寄与するような「有機の里づくり」（オーガニックビレッジ）、あるいは、「オーガニック・シティ」も提唱されているが、具体的にはどのような未来になるのだろうか。

結成から50年余になる日本有機農業研究会は、毎年（コロナ禍年を除く）全国各地で「全国有機農業の集い」を開いている。各回、開催地の実行委員会が工夫をこらした全国大会にしているが、たとえば長野県佐久市で開かれた長野県有機農業研究会の第37回大会と日本有機農業研究会第45回大会の合同大会（2018年３月４－５日）は、長野の若者たちによる実行委員会の企画によるもので、今思うと、2050年の有機農業の里をかいま見るようだった。

会場は長野県佐久市にある佐久大学、700人近い参加者で賑わったのは、１日目の「土と暮らしのオープンカレッジ」。講演会・座談会・映画上映・展示などの他、15のワークショップが開かれた。

たとえば、「ただしい鶏のさばき方」「地域のかたりつぎを紙芝居で」「ニホンミツバチ、可愛すぎ！」「たてものの自給」「ワラワラ、遊ぼう！（藁細工と納豆づくり）」「たかきびホウキをつくろう」「手作りアイデア農具大集合」「みんなで真綿をつくる会」など、など。にわかにゲル（モンゴルの家屋）が建てられ、馬場では「農家と馬」をテーマに馬耕の紹介。多くの家族連れが楽しんだ。

「未来の暮らしに種をまく、不思議な魅力大集合！」がキャッチフレーズだったように、土（自然と地域）に根を下ろした人々の身の丈に合ったさまざまな技（わざ）や暮らし方（文化）は、なつかしさを超えて未来につながっていることが実感できた。

こうした土に根差した文化、ライフスタイルを「有機農業」と呼ぶには無理があるという声も聞こえるが、有機農業は「有機農業運動」として、社会に働きかけ、自らも変わる営みとして始まった。具体的には「化学合成農薬」「化学肥料」に頼らない（必要としない）農法の確立をめざす実践と探求であったが、同時に、その背景にある技術観ひいては社会観に対する問いかけも含んでいた。農作物の栽培方法を変えるには、流通・消費の方法も連動して変えていくことになる。

有機農業が運動として始まってから50年余、今や、狭義の農業を超えて「オーガニックなライフスタイル」として農家にも消費者にも広がっている。土に触れ、農を暮らしの中に当たり前のように採り入れて、自然の脅威はあるが基本的には森・里・海の生命の循環を守り、それにより自然の恵みをいただく。地域の人々が協力して地域自給圏や流域自給圏をつくり、食べものに限らず相互に連携して支え合う。そのようなものを広義の有機農業と捉えてみたい。

注

1）ローワン・ジェイコブセン著、中里京子訳『ハチはなぜ大量死したのか』（文春文庫、2011）の原題はFruitless Fall（実りのない秋）。岡田幹治『ミツバチ大量死は警告する』（集英社新書、2013）は、日本の状況を踏まえたレポート。『サイレント・アース』（2022）は、デイヴ・グールソン著、藤原多伽夫訳。

2）水野玲子編著（2018）『知らずに食べていませんか？　ネオニコチノイド』ダイオキシン・環境ホルモン対策国民会議監修、高文研
黒田洋一郎、木村－黒田純子（2014）『著発達障害の原因と発症メカニズム：脳神経科学からみた予防、治療・療育の可能性』河出書房新社地球を脅かす化学物質：発達障害やアレルギー急増の原因　単行本　-　2018/7/5
木村—黒田純子（2018）『地球環境を脅かす化学物質』海鳴社

3）「日本の2000年から2015年の窒素収支を解明—持続可能な窒素利用の実現に向け基礎情報を提供—」2021年８月24日の農研機構プレスリリースより

4）山下惣一・星寛治（2013）『農は輝ける』創森社、多辺田政弘、桝潟俊子、藤森昭、久保田裕子（1987）『地域自給と農の論理』学陽書房など。

5）国民生活センター（桝潟俊子、久保田裕子）（1992）『多様化する有機農産物の多様化』では、1990年時点で全国に800～1000グループと推計。

6）国際有機農業運動連盟（IFOAM-Organics International）の「有機農業の定義」
有機農業は、土壌・自然生態系・人々の健康を持続させる農業生産システムである。それは、地域の自然生態系の営み、生物多様性と循環に根差すものであり、これに悪影響を及ぼす投入物の使用を避けて行われる。有機農業は、伝統と革新と科学を結び付け、自然環境と共生してその恵みを分かち合い、そして、関係するすべての生物と人間の間に公正な関係を築くと共に生命（いのち）・生活（くらし）の質を高める。（IFOAM 2008）
また、日本有機農業研究会は、次を1999年に「有機農業に関する基礎基準」の冒頭に掲載している。
有機農業のめざすもの10項目（要旨）
１．【安全で質のよい食べ物の生産】２．【環境を守る】３．【自然との共生】
４．【地域自給と循環】５．【地力の維持培養】６．【生物の多様性を守る】
７．【健全な飼養環境の保障】８．【人権と公正な労働の保障】９．【生産者と消費者の提携】10.【農の価値を広め、生命尊重の社会を築く】
7）稲葉光國著、民間稲作研究所監修（2007）『あなたにもできる無農薬・有機の稲つくり』（農山漁村文化協会）の「あとがき」による。
8）昆虫学者の桐谷圭治は、IPM（総合防除）よりも生物多様性を重視した、有機農業等における防除の考え方はIBM（総合的生物多様性管理）として提唱した。桐谷圭治（2004）『ただの虫を無視しない農業』（築地書館）、桐谷「アジアの水田農業と総合的生物多様性管理の課題」『土と健康』2013年10・11月号（日本有機農業研究会）などによる。
9）「みどり戦略」はその後、法制化の道を進んだ。法律名は「環境と調和のとれた食料システムの確立のための環境負荷低減事業活動の促進等に関する法律」、略称は「みどりの食料システム法」。関連して、「持続性の高い農業生産方式の導入の促進に関する法律」（略称・持続農業法、1999年）は、同法の施行（2023年７月１日）と同時に廃止された。また、化学合成農薬削減の一環として「総合防除」促進を含む「植物防疫法の一部改正」も併せて成立した。

〔2023年12月19日　記〕

第5章

基本法体系の機能不全と見直しの論点

東山　寛

1．基本法体系と自給率目標

周知のように、1999年に制定された食料・農業・農村基本法（以下、基本法）は、その第2条において「国民に対する食料の安定供給については、（中略）国内の農業生産の増大を図ることを基本」とし、第15条において「食料自給率の目標は、その向上を図ることを旨とし」て定めることとした。前者の「増大」や後者の「向上」は、基本法制定時の国会審議で修正され、追加された文言である（食料・農業・農村基本政策研究会 2000：p.29, p.57）。

食料自給率の目標は、5年ごとに作成される食料・農業・農村基本計画（以下、基本計画）に書き込まれてきたことも周知の通りである。基本法制定時の供給熱量ベースの総合食料自給率（以下、自給率）は41％であり（1997年度）、最初の2000年計画は45％に引き上げる目標を設定した。基本計画はこれまで5回立てられたが、その後の2005年計画は45％、2010年計画は50％、2015年計画は45％、直近の2020年計画も45％という目標を設定している。

ところで、このカロリーベースの自給率という指標が農政で用いられるようになったのは、そう遠い昔の話ではない。2008年に農林水産省内に設置された食料安全保障課（当時）の初代課長をつとめた末松広行氏の著書によれば、「カロリーベースの食料自給率を計算し始めたのは、昭和63（1988）年ごろから」とされている（末松 2008:p.18）。確かに、歴年の農業白書（1999年度以降は食料・農業・農村白書、以下、単に白書）をひもといてみても、カロリーベースの自給率の記述が最初に登場するのは1986年度白書である。

ただし、それがメインの指標というわけではなかった。この時点で用いられていたのは、金額ベースで計算された「食用農産物総合自給率」である。

また、1986年度白書の記述も、カロリーベースの自給率の数値を示しているわけではなく、文中で「５割強」と表現しているのに留まる（翌87年度白書も同様）。数値を明示したのは、末松氏が言うように1988年度白書が最初である。そこでは、1987年の自給率をめぐって「我が国の食用農産物総合自給率は71％、主食用穀物自給率は68％となり、なおかなり高い水準にあるが、供給熱量ベースの自給率は49％、（中略）イギリス、西ドイツ等と比較しても相当低い水準となっている」（139頁）と記述されている。そして、翌89年度白書からカロリーベースの自給率がメインの指標として表示されるようになったのである。

周知のように、自給率計算のベースになっているのは毎年の「食料需給表」の作成である。これも歴年のものをひもとくと、1987年度版にカロリーベースの自給率が参考値というかたちで初めて表示され、翌88年度版からはメインの指標として表示されるようになった。1988年の概算値は、前年と同じく49％であった。

1988年頃を転機としてカロリーベースの自給率を前面に押し出すようになった背景は、この「50％割れ」という事実にあると思われる。そして、ここから10年が経過して基本法を制定する時点では、自給率は一段と低下しており、40％になっていた（1998年）。前述の「増大」と「向上」を基本線とした「基本法体系」は、1980年代後半以降のなし崩し的な自給率の低下に歯止めをかける役割が期待されたと言えよう。

しかし、この基本法体系は機能しなかった。まず、「増大」の面について見てみたのが**図5-1**である。ここではコメ（主食用米）、小麦、大豆、てん菜糖（産糖量）、生乳、自給粗飼料（TDNベースの国内供給量）の６品目について、その生産量等を2000年度＝100とした指数の動きで示している。一見してわかるように、生産が増大したと言えるのは小麦くらいであろう。最も減少したのはコメで、この20年余りでほぼ４分の３の水準に落ち込んでい

図5-1　基本法制定以降の主要品目の生産量（2000年＝100とした指数）

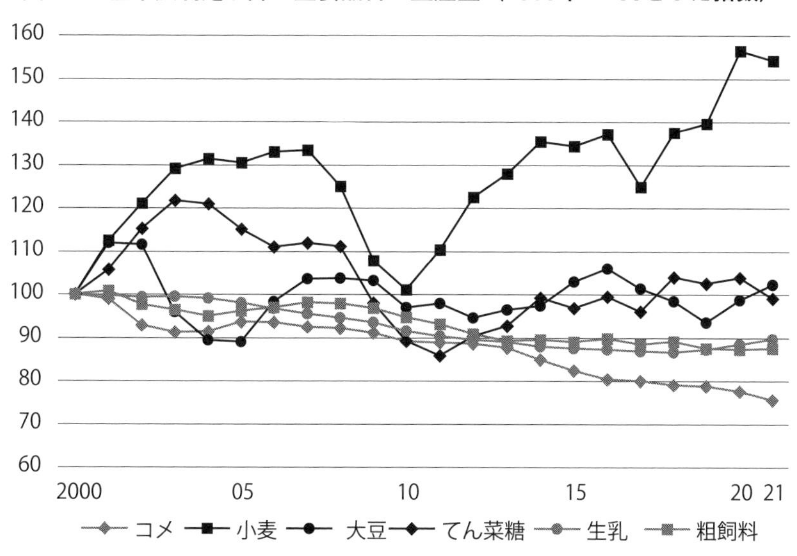

注：コメは『作物統計』による水稲収穫量（2004年以降は主食用）、小麦・大豆・粗飼料（TDNベース）は『食料需給表』、てん菜糖（産糖量）は『てん菜糖業年鑑』、生乳生産量は『牛乳乳製品統計』による。なお、３年移動平均値を用いて計算している。

る。生乳と粗飼料はほぼ同じ動きを示しており、１割程度の落ち込みを示している。大豆とてん菜糖は増産と減産を繰り返しているが、やはりこの期間を通じて「増大」したとは言えない状況である。

次に自給率について簡単に見ておくと（**表5-1**）、最初の10年間はかろうじて40％水準を維持していたが、2010年代に入って40％を割り込むようになり、2018年と2020年には最低水準の37％を記録した。この背景は、自給率計算の分子に当たる国産供給熱量（以下、国産熱量）が減少しているからである。

国産熱量は自給率計算になくてはならない数値であるが、不思議なことにそれがはっきり示されることはなく、毎年の食料需給表にも掲載されていない（総供給熱量は掲載されている）。ここで表示した数値は、通称「タンスの絵」（末松 2008：p.28）と呼ばれる品目別の熱量に自給率を重ねて、それ

表5-1　基本法制定以降の自給率と１人・１日当たりの国産供給熱量

年度	2000	2001	2002	2003	2004
自給率（%）	40	40	40	40	40
国産供給熱量（kcal）	1,050	1,047	1,048	1,029	1,012
年度	2005	2006	2007	2008	2009
自給率（%）	40	39	40	41	40
国産供給熱量（kcal）	1,021	996	1,016	1,012	964
年度	2010	2011	2012	2013	2014
自給率（%）	39	39	39	39	39
国産供給熱量（kcal）	946	941	942	939	947
年度	2015	2016	2017	2018	2019
自給率（%）	39	38	38	37	38
国産供給熱量（kcal）	954	913	924	912	918
年度	2020	2021	2022		
自給率（%）	37	38	38		
国産供給熱量（kcal）	843	860	850		

注：自給率は『食料需給表』による。国産供給熱量は毎年の食料・農業・農村白書の掲載資料によるが、掲載されていない年次は農林水産省『食料自給率レポート』（1999～2006年度）及び同「食料自給率をめぐる事情」「食料自給率・食料自給力指標について」より補った。

を積み上げて図示した資料によるもので、白書等から収集したものである。40％を割り込むようになった2010年代は、１人１日当たりの国産熱量も1,000kcalを下回るようになり、2020年以降は900kcalをも割り込むようになった。自給率を引き上げたいのであれば、この国産熱量を高めることが唯一の道である。

以上簡単に基本法制定以降の状況を振り返ってみたが、「増大」を「向上」に結びつけるという基本法体系がうまく機能してこなかったのは明らかである。

他方、今回の基本法見直しのコンセプトは「食料安全保障の強化」に置かれている。食料安全保障（フード・セキュリティ）の考え方も大きく変わることが打ち出されているが、問題はその「強化」をどのように図っていくかであろう。現時点で、見直しの方向性を示した政策文書である2023年６月２日の「食料・農業・農村の新しい展開方向」（以下、展開方向）が与えられている。以下ではこの文書から４つのトピックを取り上げて、現時点での見直しをめぐる論点を筆者なりに整理しておくこととしたい。

２．増産に舵を切るのか

まず、上述してきたこととの関係で「展開方向」が打ち出している国内生産の拡大（増産）の意味合いを考えてみたい。

この点について「展開方向」やそれを主導してきた自民党（農林族）の主張は明快である。ひとことで言えば「輸入依存からの脱却」ということになるだろう。「展開方向」では「食料や生産資材について過度な輸入依存を低減していくため、（中略）小麦や大豆、飼料作物など、海外依存の高い品目の生産拡大を推進するなどの構造転換を進めていく」と述べている。

ここで使用されている「構造転換」もキーワードとして注目しておく必要があるだろう。2022年12月27日に政府が決定した「食料安全保障強化政策大綱」（以下、大綱）では、重点対策として「食料安全保障構造転換対策」を最初に掲げている。食料安全保障の強化に向けて農業分野で講じられる諸対策は「構造転換対策」の名前で括られていくことになるだろう。

「展開方向」も具体的な品目として小麦・大豆・飼料作物を頭出ししているが、「大綱」はその生産拡大目標を書き込んだ。2030年までの面積拡大目標を、2021年比で小麦が９％増、大豆が16％増、飼料作物が32％増であり、これに加えて米粉用米が188％増とされている。数値の根拠は必ずしも明示されていないが、農業に対しては増産を、食品製造事業者に対しては国産原料への切り替えを呼びかける内容となっている。

しかしながら、増産と現実との間にはギャップがあるのではないか。端的に言えば、今現在の状況とのギャップである。小麦を例にとってみよう。

販売予定数量が購入希望数量を上回っている「需給ギャップ」と呼ばれている数値がある。2023年３月１日に開催された食料・農業・農村政策審議会（以下、農政審）の食糧部会に提出された「麦の参考資料」によると、2023年産の国産小麦（食糧用）の販売予定数量は95.5万トン、購入希望数量は84.3万トンで、ここには11.1万トンの需給ギャップがある。道産小麦をとってみても、JAグループが整理した数値では9.7万トンの需給ギャップがあるとされている（令和５年産畑作物作付指標推進資料）。増産に対して慎重な姿勢をとらざるを得ないのが今現在の状況である。

もしもこの需給ギャップを解消して、さらには増産を受け止めてくれるようなかたちで食品製造事業者の国産原料への切り替えが進むならば、事態は大きく変わるかもしれない。

この点について、農政審で基本法見直しの方向を検討してきた基本法検証部会（以下、検証部会）の興味深い資料がある。2022年12月９日開催の第５回会合に提出された資料「食料・農業・農村をめぐる情勢の変化（需要に応じた生産）」では、小麦の用途別の「使用量」と「国産比率」のデータが掲載されている（2018年をベースとした農水省推計）。例えば、国産比率が最も高い用途は「日本めん」で68％、小麦の使用量は計71万トンで、うち国産小麦は48万トンである。逆に、国産比率が最も低い用途は「パン」で、わずか４％である。しかし、小麦の使用量が最も多い用途こそが「パン」で計241万トン、このうち国産小麦は９万トンに過ぎない。品種ごとの適性をひとまず置いておけば、先ほどの10～11万トンの需給ギャップや、９％程度の増産（国内生産が100万トンとすれば＋９万トン）を飲み込む余地は、十分にこれらの用途にあると言えそうである。大幅な拡大を見込んでいる「米粉」への期待もパン用途にあると言って良いだろう。

しかし、このようなことは10年以上前から言われていたのではなかったか。管見の限り、白書のなかで小麦の用途別使用量と国産比率（自給率）を示したのは2009年度のものが最初で、以降も2010年度と2011年度の白書に同様のデータが掲載された。以下では2010年度白書に掲載された数値（2008年ベース）を用いておく。

国産比率（自給率）に着目してこの10年間の動きを見ると、日本めん用は70％から68％に２ポイント低下、中華めん用も７％から６％に１ポイント低下、パン用は２％から４％にわずかながら上昇しているが、菓子用は19％から14％に５ポイント低下、家庭用（小麦粉）も32％から21％に大きく低下している。

したがって、問題はそう単純ではない。「過度な輸入依存」は食品製造業の問題であって、この10年間を見ても輸入依存体質を一層深めてきたのではないか。TPPのようなメガFTAへの前のめりの姿勢も、こうした路線を後押ししてきた。問題は根深く、ここに手をつけなければ増産は掛け声だけに終わるだろう。

そのうえで、生産拡大するとしてもどこでするのか、という問題がある。これも以前から言われてきたことであるが、拡大余地があるとすれば畑作というよりも水田農業の方だろう。「大綱」のポイントを要約した資料では、端的に「水田を畑地化し、麦・大豆等の本作化の推進」と書き込まれている。この点は４つ目のトピックとして取り上げる水田（農業）政策との関連があるため、のちほど触れることとする。

３．自給率目標の扱い

今回の見直しに伴って、基本計画に盛り込む内容も見直される見込みである。いちばんの問題は「自給率目標」の扱いだろう。

検証部会も自給率目標の扱いを議論している。「中間取りまとめ」（５月29日）を経て、９月11日にまとめられた「答申」での書きぶりを見ると、自給率は「目標の一つ」とし、「新しい基本計画で整理される（中略）数値目標」と横並びにするイメージが読み取れる（44頁）。要するに、基本法体系で唯一無二の目標とした自給率を、ワンオブゼムに格下げするということである（田代 2023：p.16）。

最近の農政文書の中に、自給率の向上という表現が出てこないことも気になる。「展開方向」にも自給率という言葉は出てこない。予算の骨格を決める2023年６月16日の「経済財政運営と改革の基本方針（骨太方針）2023」も同様である。しかし、2022年の「骨太方針」には「食料自給率の向上を含め食料安全保障の強化を図る」という表現が盛り込まれていた（24頁）。また、同時期に改訂された「農林水産業・地域の活力創造プラン」も、冒頭部分で「食料自給率・自給力の維持向上を図ることにより国民の食を守り、美しく伝統ある農山漁村を将来にわたって継承していく」と述べている（５頁）。要するに、これまでの基本法体系を前提とすれば、重要な農政文書で「自給率」に触れるのはごく自然なことであり、あえて触れない方が不自然である。何か意図的なものがあるのだろう。

自給率目標と連動しているのが「生産努力目標」である。農業関係者としては、基本計画の中で最も関心が高い部分と言える。ところが、これ自体も形骸化が進んでいるように見受けられる。

砂糖がその典型だろう。2020年基本計画の「てん菜（精糖換算）」の生産努力目標は62万トンに設定されている。目標年は2030年で、現在の交付対象数量64万トンがいずれはこの数字になることを暗示していた。ところが、基本計画の策定から２年しか経過していない2022年末に政府が示した「持続的なてん菜生産に向けた今後の対応について」は、2023年の交付対象数量を60万トン、３年後の2026年を55万トンとする数値目標を示した。明らかに基本計画との整合性がとれていない。

農政審・甘味資源部会は2022年12月20日にこの問題を議論したようだが、公表されている議事録を見ても基本計画との整合性を問う声はなかった。国内生産の縮小が自給率に与える影響も不問のままである。

検証部会は全部で17回開催されたが、自給率の数字を扱うチャンスが少なくとも２回あった。「食料の輸入リスク」を議論した第１回会合の議事録を見ると、自給率が38％（2021年）であることに触れたうえで、輸入に依存しているものを国内でまかなおうとすれば「輸入分だけで日本の2.1倍の農地が必要」「全てを国産で賄うことは不可能」という説明をしているのみである（８頁）。さらに「需要に応じた生産」を議論した第５回会合では、品目別の自給率の数字が紹介されている。例えば小麦と大豆（食用）については1998年以降の国産割合が整理されているが、その説明は「輸入と国内生産の割合はほぼ変わっていない」と述べているのみである（６頁及び８頁）。

自給率目標をワンオブゼムにして、それ以外に並べる「いろいろな数字」とは何をイメージすれば良いのか。そのヒントは先述した「大綱」にある。「大綱」にはさまざまな数値目標が頭出しされているが、その一覧が2022年度の白書の特集「食料安全保障の強化に向けて」に掲載されている（7項目）。ここでは逐一の紹介を避けるが、その内容は大きく言ってふたつある。前述した輸入依存穀物の増産と、生産資材の国内代替転換（特に肥料原料の国産化）である。

特に小麦については前述したようにプラス9％、大豆はプラス16％、飼料作物は32％の増産目標を掲げている。これは2021年を基準年として、2030年を目標年とした設定である。そこで、表示等は略するが2021年の「タンスの絵」を使って、増産した時の国産熱量への影響を計算してみた。2021年の国産熱量は860kcalで、小麦は52kcal、大豆は19kcal、畜産物は自給部分が67kcal、輸入飼料部分が197kcalである。小麦を9％増産すれば国産熱量は57kcal、大豆を16％増産すれば同・22kcalに引き上がる。飼料作物の増産が粗飼料・濃厚飼料を合わせたトータルの国内供給増に結びつくとすれば、飼料自給率は26％から34％に高まる。この時、輸入飼料部分は174kcalに縮小し、その分が繰り入れられて自給部分は90kcalに引き上がる。トータルの国産熱量は31kcal増えるが、畜産物の自給部分が増えることが内訳としては最も大きい。

このようなかたちで、増産と国産熱量の引き上げを結びつけた目標を設定すべきである。今回の見直しと関連して、「食料有事法制」を新たに制定することも検討されている。この場合、「有事」の際の絶対的な供給熱量水準が問題となるため（1人1日当たり1,900～2,000kcal程度）、平時においても国産熱量の目標値（例えば、当面は1,000kcalへの引き上げ）を設定することも有効であろう。繰り返しになるが、現時点で900kcalを割り込んでいる国産熱量を引き上げることが、自給率向上の唯一の道である。

4．食料安保予算の確保

基本法の見直しと農業予算の拡充は、直接の関係はないのかもしれない。「展開方向」は予算について「本取りまとめを踏まえ、法律・予算・税制・金融等における各施策の具体化を進め、必要に応じて、食料安全保障強化政策大綱等の各種政策決定事項の見直し等も行う」と記しているのみである。

他方、「大綱」は予算について「施策実施に必要な経費の取扱いについては、毎年の予算編成過程において検討する」としたうえで、「継続的に講ずべき食料安全保障の強化のための対策の財源については、構造改革等を進めるものとして一時的には歳出の増加を招くものであることに鑑み、財政負担とのバランスを考慮した上で、毎年の予算編成過程で食料安定供給・農林水産業基盤強化本部が責任を持って確保するものとする」と、ややわかりにくい表現で記している。

ここで言う「構造改革等」とは、大綱が重点対策と位置づけているふたつの柱を指していると見て良い。ひとつは先述した「構造転換対策」で、小麦・大豆等の国内生産の拡大、水田の畑地化の強力な推進、米粉の普及に向けた設備投資の支援、堆肥や下水汚泥資源等の肥料利用拡大への支援、耕畜連携への支援など国産飼料の供給・利用拡大への支援等を含んでいる。

もうひとつの柱は「生産資材等の価格高騰等による影響緩和対策」で、肥料価格高騰対策、配合飼料価格高騰対策、施設園芸等燃料価格高騰対策、日本政策金融公庫による資金繰り支援等を含む。「大綱」の表現によれば、食料安全保障の強化は「過度な輸入依存からの脱却に向けた構造転換とそれを支える国内の供給力の強化」を通じて実現する。一連の影響緩和対策は、国内生産基盤の保持に直結している。

したがって、上述の「構造改革等」を進めることがなぜ「歳出の増加を招く」のかは、およその説明がつく。ひとことで言えば、国産化への切り替えと経営安定対策のさらなる充実に伴うコストを想定しているからである。基本法見直し論議も「食料安全保障の強化」を中心に据えなければ、予算の拡充に結びつけることはできないだろう。

基本法見直し論議のそもそもの出発点である2022年２月以降の動きを振り返っておくと、自民党提言ではこの点をもっと明瞭に書き込んでいた。５月19日の「食料安全保障の強化に向けた提言」では、「既存の通常予算・TPP予算とともに、思い切った『食料安全保障予算』を新たに確保し、農林水産予算の拡充と再構築を図る」と明記していた。また、「大綱」を準備した提言（11月30日）でも、「食料安全保障の強化に向けた施策を抜本的に拡充し、思い切った食料安全保障予算の継続確保等を行い、継続的に万全な食料安全保障強化施策を講ずること。これらの施策の財源については、既存の農林水産予算に支障を来さないよう政府全体で責任を持って毎年の予算編成過程で確保すること」と明記した。「大綱」は、この自民党提言を踏まえてつくられたのである。

こうした動きに、最大限の警戒を示したのが財政当局だろう。前後するが、財政制度等審議会が2022年11月29日にまとめた「令和５年度予算の編成等に関する建議」（以下、建議）はなかなか辛辣な表現を盛り込んでいる。農林水産分野について、「食料安全保障の議論が、輸入に依存している品目等の国産化による自給率の向上や、備蓄強化に主眼が置かれることには疑問を抱かざるを得ない」としたうえで、「何が真に我が国の食料安全保障の強化に資する政策かどうか、スクラップ・アンド・ビルドで、財源とセットで検討する必要がある」と記述した（89～90頁）。要点は「財源とセットで検討」の部分である。

国産化を否定的に捉えるのは、建議のポリシーでもあるように見受けられる。小麦・大豆等を念頭に置き、「対象品目の輸入国別の構成を見ると、現在は友好国や民主主義国、市場主義の国からの調達がほとんどであり、（中略）食料自給率をとらえ直すことが重要と考えるべきである」としている（90頁）。北米や豪州を含めて日本の食料自給率を考えるという発想は、見直しのコンセプト（食料安全保障の強化）とは相容れないものであることは言うまでもない。

しかしながら、このプレッシャーを跳ね返すのは難しいようにも見受けられる。「大綱」の表現が前述したように回りくどくなったのは、そのせいであろう。繰り返しになるが、「大綱」を準備した自民党提言は既存の予算に「穴をあけずに」食料安保予算を確保するという主張だったのに対し、政府大綱は「財政負担とのバランスを考慮」して、歳出の増加も「一時的」と書かざるを得なかった。当初の表現からは大幅に後退していると言わざるを得ない。食料安保予算の確保をめぐる焦点はここにあり、現時点でもくすぶったままである。

5．水田農業政策の展望

「展開方向」は「Ⅱ．政策の新たな展開方向」で７つの柱を立てており、そのひとつが「３．農業の持続的な発展」である。６つの項目が立てられているが、３項「経営安定対策の充実」で水田（農業）政策に触れている。ただし、その記述は「需要に応じた生産を推進し、将来にわたって安定運営できる水田政策を確立する」と述べるに留まる。書きぶりとしてもやや前後の脈絡に欠ける印象で、「安定運営できる水田政策」とはどのようなイメージなのか、何が問題で何が必要なのか、といった立ち入った記述もない。しかし、この意味は重いと受け止めざるを得ない。

基本法見直しを主導したのは、2022年２月に発足した自民党の「食料安全保障に関する検討委員会」（以下、食料安保委）で、森山裕衆議院議員（元農相）が委員長を務める。この森山委員長の発言には、良い意味で注目すべきところもある。

いくつか拾ってみると、「食料安保のインフラとして重視しなければいけないのが水田だ。米の消費が減る中で農地を最大限活用するため、大豆や、子実用トウモロコシなど飼料作物への転換・増産をどう進めていくかが大事だ」（日本農業新聞2022年５月４日）「国内でどうしても頑張っていかなくてはいけないのは、やはり米の問題ではないかと思います。米は、主食用米が180万㌧（筆者注：６月末民間在庫のことと思われる）くらいであれば価格は安定していますが、それを超えると値段は下がります。これを何とかしないといけないと思っております」（農政ジャーナリストの会 2023：p.50）「水田政策と直接支払い政策についてだが、基本法改正は大きな政策転換を行うために実施するわけで、その際、米政策をはじめ重要政策を将来に渡って安定運営できる政策としてどうしていくかがいちばん重たい課題だと認識している」（JAcom2023年５月13日）。

これら森山語録からは「水田・米重視」の姿勢がうかがえるが、「いちばん重たい課題」としているのが「水田・米政策」であることに注目したい。何が「重たい」のかについての言及はないが、素直に考えても生産調整にほかならない。これまでの理解に即せば、水田農業政策にはふたつの内容がある。ひとつは構造政策、もうひとつが生産調整である。WTO体制への移行をにらんで1993年に認定農業者制度がスタートして以降、政策の中心はむしろ前者にあった。その流れがなくなったわけではないが、構造政策が追求する担い手への農地の「集積」よりも、担い手の「確保」の方が差し迫った課題となっている現実がある。したがって、今は水田農業政策＝生産調整政策と考えて良いだろう（西川 2023：p.4）。

生産調整のいちばん重たい課題は、言うまでもなくコメの需要量が年間10万㌧ずつ減少していることである。2023年10月19日の「米穀の需給及び価格の安定に関する基本指針」を見ても、2022／23年（2022年７月～23年６月の１年間）の主食用米等の需要実績は691万㌧で、2021／22年の需要実績702万㌧と比べても11万㌧減少している。今後の需要見通しについても、2023／24年は682万㌧（９万㌧減）、2024／25年は671万㌧（11万㌧減）に設定されている。

さらに、検証部会は衝撃的な数値を出してきた。先にも触れた第５回会合（2022年12月９日）のテーマは「需要に応じた生産」であったが、農水省提出資料は「20年後の主な農産物の国内需要量・作付面積」の試算を示し、主食用米の需要量は2020年の704万トンから2040年に493万トンに減少、作付面積も137万haから96万haに縮小するとした。そして、この時の作付面積と水田面積の差（＝転作を含む主食用米以外の面積）は、2020年の88万haから2040年には107万haに拡大するとの試算を併せて示したのである。

当日の議事録によれば、説明者の杉中淳総括審議官は「このままのトレンドでいくと、2020年度から2040年度までに主食用米は30％ぐらい減る」「作付面積については、主食用米は（中略）更に40万（ヘクタール）ぐらい減る」「2040年度には（中略）水田面積の半分以下しか主食用米の作付に使われない」という試算結果を淡々と説明しているようだが、これらの数値がもつインパクトは大きい。

政府がこのような認識を持っているのであれば、生産調整政策をどのように考えているのかをぜひとも聞きたいところである。素直に考えると、転作の拡大に応じて水田活用の直接支払交付金（以下、水活）の予算の増額と確保が必要だろう。これが「安定運営できる水田政策」を確立できる唯一の道のように思われる。

それに対して、水活予算は当初予算のレベルで2020年度以降、3,050億円の水準で硬直化している（安藤ほか 2023：74)。その「突破」を狙ったのが今回の食料安全保障の強化であり、麦・大豆を含む輸入依存穀物の増産ではなかったかと思われる。このことが、基本法見直しの隠れたメインテーマだろう。

しかしながら、食料安保委が2022年初めに掲げていた「思い切った食料安保予算の新たな確保」は年末になるとトーンダウンし、「大綱」の「財政負担とのバランスを考慮する」という表現に落ち着いたのはすでに述べた通りである。ただし、2023年10月13日の政府決定「食料安定供給・農林水産業基盤強化に向けた緊急対応パッケージ」では、大綱の年内改訂に含みをもたせており、何かが変わる可能性もある（本稿執筆時点)。

最後に関連して述べておくと、水活予算の増額が難しい状況と麦・大豆等の増産を単純に結びつけた発想が「畑地化」だろう。2023年10月19日に開催された農政審・食糧部会の資料で農水省は畑地化促進事業の１次採択の結果をようやく公表し、2023年開始分として約１万haの畑地化を見込んでいることが示された。畑地化は、それを進める予算確保の問題もさることながら、畑地化後に５年間継続する「定着促進支援」（10a当たり２万円交付）が終了して以降の問題も見据えておかなければならない。コメ以外の作物に本気で取り組む姿勢をつくれるのか、あらためて地域の力量が問われることになる。結局のところ、水田農業の行く末をどう展望するのかが、新基本法体系の成否の鍵を握ることになるだろう。拡大する生産調整や畑地化への対応も含めて地域レベルの動きはすでに始まっており、研究面でも政策面においても水田農業の動きを注視することが必要である。

引用文献

安藤光義・小針美和（2023）「水田農業の制度・政策の現状と将来像：新基本法以降を振り返って（座長解題）」『令和５年度日本農業経営学会研究大会報告要旨』: 71-76.

森山裕（2023）「食料安全保障の強化に向けて（講演録）」農政ジャーナリストの会『改めて食料安全保障を考える（日本農業の動き217）』農文協：44-63.

西川邦夫（2023）「水田農業政策の展開と東北水田農業：「食管遺制」からの脱却の諸相」東北農業経済学会編『東北水田農業の展開と将来像』東北大学出版会：3-15.

食料・農業・農村基本政策研究会（2000）『逐条解説　食料・農業・農村基本法解説』大成出版社.

末松広行（2008）『食料自給率の「なぜ？」（扶桑社新書）』扶桑社.

田代洋一（2023）「食料・農業・農村基本法の見直し」『農業・農協問題研究』82：2-20.

〔2023年12月15日　記〕

第Ⅱ部

国際的な視点からみた基本法見直しの歴史的位置

第6章

新自由主義的食料安全保障・「世界農業」化の破綻とパラダイム転換
―フードレジーム論の視点からみた基本法見直し―

磯田　宏

1．新自由主義的食料安全保障の実態的破綻

プーチン・ロシアによるウクライナ侵略は新自由主義的食料安全保障の理論と実践（「世界各国の食料安全保障は比較優位原理に則った農業食料国際分業と貿易自由化によってこそ最大化される」という言説と政策実践としておく）がますます有効性を喪失していることを明らかにした。「食料安全保障論」の定義と解釈の「新自由主義的転回期」が、「1990年代以降」に起きたとされる（久野 2019、pp.89-90）。実態的にも新自由主義的食料案保障は世界的および日本において破綻を迎えていると認識せざるをえない

世界全体で農業は国際分業を深めているが、本来的農業食料生産力・調達力に現在ないし潜在的脆弱性を抱えた諸国も含めて農業食料をますます国際分業に委ねる傾向と構造を、フードレジーム論では「世界農業（World Agriculture）」化と呼んでいる（McMichael 2005など）。こうした状況下で国連のSDGs総会決議と前後してFAOが公表開始したフードインセキュリティ人口が（2018年以降は栄養不足人口も反転して）絶対数・比率ともに増大、すなわち食料安全保障が悪化している（**図6-1**）。地理地域別、経済地域や経済開発水準別（EUや①後発途上国）、食料需給構造別（②低所得食料不足国―熱量ベースの食料純輸入国―、③食料純輸入途上国）、さらに各類型の主要国別に、1990年代以降の金額ベースの貿易依存率、輸出率がほとんどの場合上昇しており、自給率（総産出額÷［総産出額－輸出額＋輸入額］）

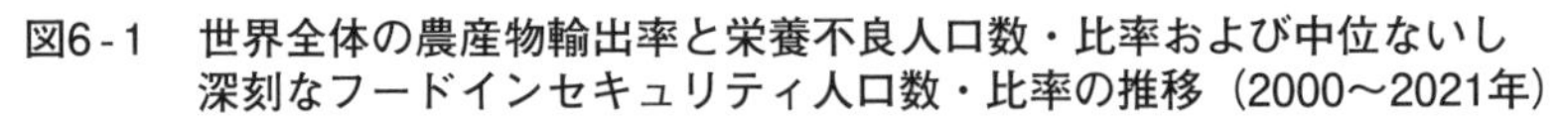

図6-1　世界全体の農産物輸出率と栄養不良人口数・比率および中位ないし深刻なフードインセキュリティ人口数・比率の推移（2000～2021年）

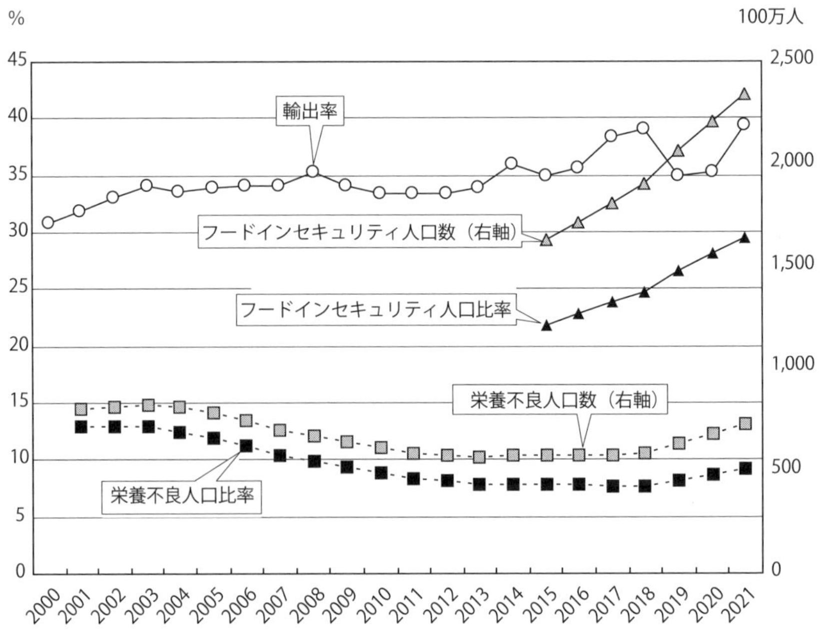

注：1）輸出率は，輸出額÷総産出額、である。
　　2）フードインセキュリティ人口比率は、Prevalence of moderate or severe food insecurity in the total populationで，同人口数ともに3ヶ年移動平均である。
資料：FAOSTAT, *Production, Trade,* and *Suite of Food Security*.

を見ると一方に上昇させている農業輸出大国がありつつ、他方に①、②、③といった農業食料調達に脆弱性を抱える諸国ですら自給率を下げながら輸出率を上げる傾向がほぼ一貫している（図表略）。

また日本は特異に低い自給率をさらに下げながら、絶対水準は矮小だが輸出率を急速に上げている点で「世界農業」化の戯画的事例であり、やはりその下で少なくとも2010年代半ば以降フードインセキュリティを悪化させている（**図6-2**）。

図6-2　日本の農業貿易構造とフーインセキュリティ指標の推移
（2000～2021年、単位：%、100万人）

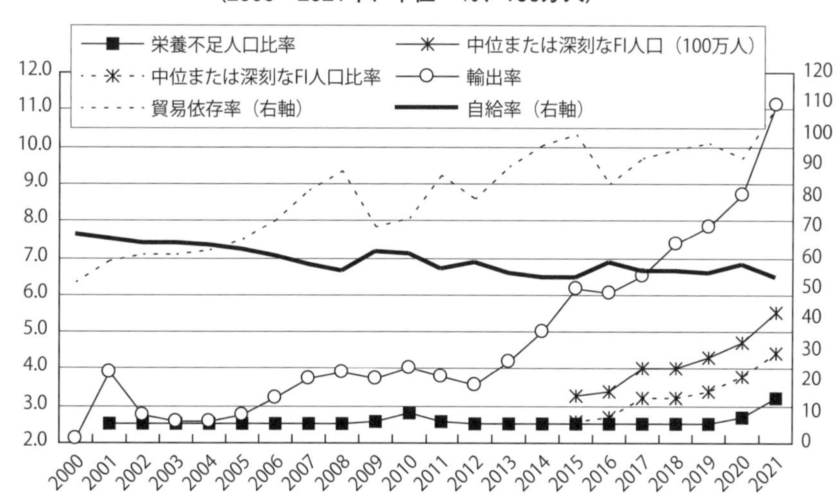

注：１）自給率は便宜的に、総産出額÷（総産出額－輸出額＋輸入額）、とした。
　　２）フードインセキュリティ（FI）指標は3カ年移動平均である。
　　３）栄養不足人口比率が2.5%未満の場合，2.5%として図示している。
資料：FAOSTAT, *Production, Trade,* and *Suite of Food Security indicators.*

２．世界食料農業貿易構造の現局面と日本の食料安全保障 ―フードレジーム論を参考に―

（1）フードレジーム（FR）の最新局面把握をめぐって

筆者はFR概念を、資本主義の世界史的諸段階における基軸的蓄積体制に照応して編制され、それを担う諸資本（農業食料複合体）の蓄積機会をも（自ら）つくりだすところの、生産から消費を含む国際分業をはじめとする国際農業食料諸関係と理解した上で（磯田 2023b、p.2）[1]、その現段階・現局面について次のような仮説的認識を提示した（同、pp.15-16)。すなわち、(i)先進資本主義諸国の高度成長の終焉とブレトンウッズ体制の崩壊を契機とし、1970年代を移行期として第３段階のFR（第３FR）が形成されている、(ii)それは1980年代からの新自由主義グローバリゼーションとそれによって促進された経済の金融化ならびに「生産（製造業）のアジア化・中国化」という新しい蓄積構造への移行に照応したFRであり、(iii)その第一局面（1980～90年代）は、多国籍企業（機能資本）の事業活動世界化と、それを支援するために国家や超国家機関が冷戦体制下の国家独占資本主義的・ケインズ主義福祉国家的な諸政策・諸制度をことごとく改廃して、多国籍企業の営業の自由と最大利潤の追求に最適な市場と制度を世界化する過程に照応しており（その到達点としてのWTOと農業関連協定）、(iv)第二局面（2000年代以降）は、世界資本主義の基軸的蓄積構造として「金融化」と「生産（さらに消費）の中国化」が全面展開する過程に照応しており、(v)コモディティ・インデックス市場への農産物・食料先物の組み込み、アグロフュエル産業の大拡張政策、これらを大きな要因とする食料価格暴騰が生み出したランドグラブなどの形態で、過剰貨幣資本の活動・蓄積機会を創出しつつ金融化と中国の「世界の工場」化に照応し支えるようになった。

この第３FR第二局面の進行過程で、中国の農業食料輸入がますます膨大化して世界最大の農水産物輸入国かつ純輸入国になると同時に、輸入の大きな部分がブラジルを筆頭とする南米からとなり、それを担う主体（FR論でいう農業食料複合体）として中国政府の強い影響力と支援を受ける巨大国有企業の台頭が顕在化する事象をどう評価するかの議論が活発化している。

簡潔に見ておくと、Belesky and Lawrence（2019）が、(a)中国国家資本主義は自由主義的なそれとは異形で、(b)農業食料やエネルギー部門などで国家が枢要な指令・制御機能を担う新重商主義戦略をとり、(c)その結果第３FR＝「新自由主義・企業 FR」との規定は不的確になり，流動化・多極化へ向かう「移行期」「空位期間」を迎えている、とした。またMcMichael（2020）が、(ア)中国農業食料輸入複合体が21世紀になって深化し、(イ)中国政府は「穀物自給」をこえて、ソブリンウェルスファンド・国有銀行・国有企業を使った対外融資・対外投資（「走出去」）や一帯一路プロジェクトなどをつうじてアジア、ラテンアメリカ、アフリカで対中輸出を見据えた大規模農業開発を起こしており、(ウ)これはWTOの貿易と投資の自由基盤を利用しつつ、同時にオフショア大規模農業開発・農地取得という非市場的・非自由貿易主義的手法で迂回する「農業食料安保重商主義」である，㈤農業食料貿易フローとしては「南－南貿易」（ブラジル・東南アジア・旧ソ連→中国）が「北－南」貿易（穀物・油糧作物・畜産物の米欧先進諸国から途上国への輸出）を凌駕する傾向が生まれつつあるが，㈥これらが次のFRを予兆しているかはなお不明、とした。

これらの提起を受けた直近の議論として、中国「国家資本主義」による「食料安全保障重商主義」という規定を、さらに中国－ブラジル間の大豆（および食肉）複合体（さらには川上のバイオケミカル複合体）を対象とした具体的実証へ進める方向がある。Lin（2023）は、①まず穀物・油糧種子系国有企業COFCOに焦点を当て、それが中国政府の支援を受けながらブラジル大豆部門へ既に進出していたNoble社（シンガポール拠点）とNidera社（オランダ拠点）という多国籍企業の買収を大きな踏み台に同分野での飛躍を開始し、②ブラジル大豆集荷・輸出・搾油分野への投資をさらに展開して先行米欧本拠穀物・油糧種子・食肉系多国籍企業（ADM、Bunge、Cargill、Louis Dreyfus、総称ABCD）[2)] に比肩する最上位企業へ台頭し、③さらに川上ではChemChinaが、ブラジルや周辺南米諸国でもGM大豆・GMトウモロコシと関連農薬ビジネスで強力な存在だった巨大企業Syngenta社の買収等をバネに、バイオケミカル分野でもDow-Dupont、BASF、Beyer-Monsantoに比肩する最上位企業へ台頭した、④かくて「今日のグローバル大豆商品連鎖において国有企業FRが形成された」、とする。

またWesz Jr., Escher and Fares（2023）も、(a)今日の中国の「新重商主義的食料安全保障政策」は食料の自己依存原則に従った手法として、(b)国内農業食料産業を保護し、(c)国際市場で活動する他国系グローバル・アグリビジネス企業と協力しつつも、(d)自国アグリビジネスの「走出去」と世界市場での他企業との競争を推進し、(e)その中心部隊が国有資産監督管理委員会（SASAC）制御下の中央政府国有企業（SOEs）、省政府SOEs、国有農場、竜頭企業である、とした上で、(f)典型事例としてCOFCOという「ブラジル中国間・大豆食肉複合体」台頭と同社の南部南米展開を検証している。

しかし他方でFares（2023）は、(ア)COFCOの蓄積の原資や領域を精査すると「新重商主義」というよりは価格投機や資本レバレッジを通じた金融（金融資本）的戦略に依存しており、(イ)それは習近平権力掌握以来、中国政府が金融的「株主国家」型の利害を追求している枠組みに沿っていて、(ウ)国家所有・国家介入への回帰によるCOFCOのグローバル・アグリビジネスでの成功も、貿易と資本市場からの新重商主義的な離脱によってではなくそれら市場での有利な地位構築に依っている、(エ)だからグローバルFRにおける市場原理主義への代替（つまり新自由主義的FRからの「移行」：引用者注）と見なすべきではない、としている。

またEscher（2021）は、対象をBRICsに広げ（南アフリカは含まれていない）、(A)これら諸国がより強度の国家介入で特徴付けられる資本主義という共通点とともに農業食料システム内の資本主義化や農民層分解で多様性を見せているが、(B)重要な農業食料産品の輸出入の極として台頭することによってFRの多中心的再編を促しており、(C)これら各国固有の「食料帝国」（巨大多国籍アグリフードビジネス体制）が新たなグローバル蓄積機構として国際化して従来の「北－西側」基盤企業支配から相対的に独立して「南－東側」結合を形成しているが、(D)その（蓄積、台頭）の方法と戦略は「北－西側」型とさして異ならず、支配、不平等、社会・健康・環境損失への懸念もそのままである、としている。

これらの研究はFRの今日的動態の把握を進める上で貴重な貢献をなしているが、FRの段階、局面、あるいはそれらの移行に関する基礎概念に照らした場合、第一に、世界資本主義の基軸的蓄積様式または体制における変化との関連性が希薄である。第二に、中国の大豆、続いて食肉・畜産物のブラジル等からの劇的に膨大化した輸入とその担い手としての国有企業台頭から直接的にFRの今日的性格や移行の有無を論じようとしているが、「中国－ブラジル」典型の中国輸入農業食料複合体は、重要ではあるがあくまでFRというマクロな枠組みの一構成部分であり、他の農業食料（さらに燃料）分野で様々な地理的組み合わせを有する、多くの複合体が存在していることへの吟味を欠いている。その一例として、世界第2の農水産物輸入国となり、かつ純輸入国に転じたアメリカと、その巨大輸入を体現する生鮮野菜果実、水産物、それらの加工品、超工業化食品（総じて「ラグジュアリー食料」「高度工業化可食商品」。磯田 2023b）分野とそれらの担い手、および依然として巨大輸出領域である「穀物複合体食料」分野の到達点や役割の検討を欠いている（同前、p.16)。また中国自体が世界最大の水産物輸出国であり（2021年実績。輸入ではアメリアに次ぐ第2位)、有数の生鮮野菜輸出国でもある。

本章でこれらの空隙を補って、今日のFRを段階ないし局面として全面的に評価・規定する準備はない。そこで上述諸論者が析出した「中国中心型大豆・食肉系輸入複合体の台頭」を、さし当たりは第3FR第二局面における重要な最新動向の一つと位置づけておきたい。ただ当該輸入複合体の台頭が大豆・トウモロコシ世界市場で影響を増していることは事実であり、①それがアメリカ市場では、アメリカ国家自体による介入（トウモロコシ・大豆原料のアグロフュエル需要の強制創出・拡大）の強まりと相俟って、「政策市場化」とでも言うべき特徴を帯びつつあること[3]、および②中国が「食料の自己依存原則」の別の一環として大豆およびトウモロコシの在庫（率）を際立って高めている（その反対に中国以外の世界は低く、とりわけ日本は極端に低い）ことには[4]、注意が必要である。それを超える歴史段階・局面的精査は今後の課題とし、次項で直近の主要国・地域間農水産物貿易フローの若干の特徴を検討しておく。

（2）農業食料貿易地理的フローの推移と構造の今日的特徴

まず過去30年間の、主要国・地域の農水産物貿易額変化を概観すると（**表6-1**。EUほかの地域内貿易も含む)、世界全体の輸出額（名目米ドル）は1990年の3,470億ドルから2020年の1兆7,297億ドルへ約5倍に増加した。このうち確かに中国の膨大な純入国化とブラジルを筆頭とする南米の輸出・純輸出激増が顕著だが、他にもアメリカの輸入激増と純輸入国化、欧米等先進

表 6-1　世界主要国・地域の農水産物貿易シェア等の変化（1990 年と 2020 年、前後 3 ヶ年平均）

（単位：100 万米ドル、%）

	輸出		輸入		純輸出額	
	1990	2020	1990	2020	1990	2020
世界計	347,810	1,729,658	377,063	1,779,574		
アメリカ合衆国	13.5	9.2	8.5	10.1	15,155	▲20,429
カナダ	3.1	3.3	2.0	2.3	3,362	17,226
メキシコ	0.9	2.2	1.2	1.5	▲1,198	10,462
オーストラリア	3.4	2.1	0.6	0.9	9,703	20,134
ニュージーランド	1.5	1.9	0.2	0.3	4,464	27,604
EU27 ヶ国	40.8	35.2	40.7	31.3	▲11,627	51,875
日本	0.6	0.5	10.6	4.2	▲38,073	▲65,607
以上の欧米系先進諸国	63.3	53.9	53.1	46.4	▲18,214	41,266
中国（本土）	2.7	4.5	1.6	10.3	3,482	▲104,339
インド	0.9	2.4	0.2	1.4	2,345	16,253
ロシア（1993 年）	*0.7*	1.7	*3.2*	1.7	*▲9,731*	▲1,926
ウクライナ（1993 年）	*0.3*	1.4	*0.3*	0.4	*205*	17,088
アフリカ	3.7	3.8	4.2	5.4	▲2,974	▲30,455
南アフリカ	0.5	0.6	0.3	0.4	801	4,482
南アメリカ	7.1	11.1	2.2	3.5	16,228	128,640
ブラジル	2.5	5.1	0.7	0.7	6,238	77,255
アルゼンチン	1.9	2.2	0.1	0.2	6,414	33,387
チリ	0.6	1.1	0.1	0.5	1,722	10,267
パラグアイ	0.2	0.3	0.0	0.1	615	4,947
ウルグアイ	0.2	0.3	0.0	0.1	676	4,173
東南アジア	6.5	9.7	4.0	7.5	7,296	34,815
インドネシア	1.1	2.7	0.5	1.2	2,160	24,989
マレーシア	1.4	1.5	0.6	1.1	2,371	6,729
タイ	2.3	2.3	0.6	1.0	5,751	23,411
ベトナム	0.2	1.5	0.1	1.5	636	▲383
BRICS（再掲）	*7.0*	14.4	*6.0*	14.4	*1,900*	▲8,275

注：1）ロシアとウクライナの「1990 年」欄は，いずれも 1993 年の数値である（1992 年まではデータがない）。
　　2）BRICS の 1990 年は、ロシアについて 1993 年の数値を用いたものである。
　　3）日本の輸入は農産物が 2012 年の 6,057 万ドル，水産物が同年の 1,725 万ドルが、それぞれピークだった。
資料：農産物貿易は FAO, *FAOSTAT: Ttrade*、水産物は FAO, *FishstatJ: Global aquatic trade_release 4.03.06.*

諸国の純輸入から大幅な純輸出への転換、アフリカの純輸入激増、東南アジアの純輸出激増など、大きな変化が起きている。

また輸出入それぞれのシェアを見ると、中国の輸入シェア激増、ブラジルを筆頭とする南米の輸出シェア著増は明らかである（ただし2010年～2015年にはブラジルとアルゼンチン等、また南米合計でもシェアが下がっている）。しかしアメリカの輸出シェア低下は劇的とまでは行かず、欧米等先進諸国の輸出入両面でのシェア低下は限定的でいまだに輸出で過半、輸入で5割近くを占めている（EU域内貿易の比重が大きいが）。東南アジアの輸出入両面でのシェアも確実に上がっている。

次に2021年時点での主要国・地域間貿易フローをマトリクス形式で見てみよう（**表6-2**）。

2021年の世界農水産物輸出入総額（EU域内貿易含む）がともに約1兆9,000億ドル超だったので、いずれも4,400億ドル前後を占めるEU域内貿易が世界市場で占める位置（つまり今日のFRにおける「EU域内農業食料複合体」ないし「EU地域FR」）は巨大である。同時に域内を除いてもEUは世界の輸出の11.2％を占め、輸出先としてアメリカ（16.9％）をはじめ表出の主要先進諸国（28.6％）が大きく、他方でアフリカが13.7％、中国も11.9％である。輸入は世界の8.3％と小さいが、ブラジルを始めとする南米（28.7％）、アフリカ（19.6％）、東南アジア（15.2％）の比重が大きい。つまり輸出では「北→北」を中心としつつ（域内を含めればそれが圧倒的）、「北→南」「北→中国」へ多角化しており、輸入では圧倒的に「南→北」なのである。

アメリカの輸出における世界シェアは低下したが一国単位では最大で、輸出先は対先進諸国（USMCA＝旧NAFTA加盟国や日本など）が中心だが、同時に中国の比重も大きい（中国から見れば対米依存がなお大きい）。輸出の中心をなす「穀物複合体食料」の相手は、日本、NIEs、ASEAN、中国と「生産のアジア化」を遂げた広義東アジアの比重が大きい。輸出を凌駕した輸入では、先進諸国（USMCA、EU）が過半を占め、ブラジル以外の南米、東南アジアが続く。

ブラジルを筆頭とする南米が輸出で台頭し（地域計ではアメリカを凌駕）、その相手先としての中国がブラジルで36.6％、南米計で24.6％と巨大なのは確かである。しかしEUを中心とする先進諸国（「南→北」貿易）および南米域内も重要である。世界最大の輸入国となった中国から見ても、ブラジル20.3％、南米計28.5％が重大な位置を占めているのは明らかだが、アメリカ、EU等の先進諸国が4割以上を占め、東南アジアも重要である。つまり今日

表 6-2　世界の国別・地域別農水産物輸出入の相手国・地域別マトリクス（2021 年）

（単位：100 万米ドル、%）

			輸出入相手国・地域														
			世界計	主要先進国・地域等								中国（本土）	インド	ロシア	アフリカ	南アメリカ		東南アジア
				アメリカ	カナダ	メキシコ	EU	日本	豪州	NZ	小計						ブラジル	
輸出	実額	アメリカ合衆国	179,000		28,420	25,560	11,094	14,933	1,419	523	81,949	33,310	1,533	243	5,460	7,680	483	14,332
		EU27 ヶ国	612,143	28,176	4,740	1,559	445,307	8,596	3,856	774	493,007	19,937	852	8,111	22,801	5,455	2,091	9,725
		中国（本土）	82,890	7,374	1,257	1,118	8,980	10,255	1,039	236	30,259		353	1,606	3,996	1,334	401	21,363
		アフリカ	72,546	3,660	885	26	22,603	1,077	204	48	28,503	3,334	1,979	1,397	15,484	393	291	3,426
		南アメリカ	215,617	21,698	2,112	3,935	32,889	5,185	492	133	66,444	53,070	4,969	4,288	11,485	27,285	7,247	15,951
		ブラジル	101,961	4,497	745	1,022	14,809	2,227	163	32	23,495	37,271	913	1,213	6,628	5,304		8,338
		東南アジア	188,515	22,740	1,749	565	19,425	12,175	3,456	961	61,070	36,414	11,185	2,057	12,492	2,060	1,199	39,975
	EU 域内貿易を除く世界計にしめる比率	アメリカ合衆国	12.0		15.9	14.3	6.2	8.3	0.8	0.3	45.8	18.6	0.9	0.1	3.1	4.3	0.3	8.0
		EU27 ヶ国	11.2	16.9	2.8	0.9		5.2	2.3	0.5	28.6	11.9	0.5	4.9	13.7	3.3	1.3	5.8
		中国（本土）	5.6	8.9	1.5	1.3	10.8	12.4	1.3	0.3	36.5		0.4	1.9	4.8	1.6	0.5	25.8
		アフリカ	4.9	5.0	1.2	0.0	31.2	1.5	0.3	0.1	39.3	4.6	2.7	1.9	21.3	0.5	0.4	4.7
		南アメリカ	14.5	10.1	1.0	1.8	15.3	2.4	0.2	0.1	30.8	24.6	2.3	2.0	5.3	12.7	3.4	7.4
		ブラジル	6.9	4.4	0.7	1.0	14.5	2.2	0.2	0.0	23.0	36.6	0.9	1.2	6.5	5.2		8.2
		東南アジア	12.7	12.1	0.9	0.3	10.3	6.5	1.8	0.5	32.4	19.3	5.9	1.1	6.6	1.1	0.6	21.2
輸入	実額	アメリカ合衆国	202,584		36,112	39,617	30,336	1,484	3,531	3,134	114,213	6,095	6,813	1,431	4,383	25,074	4,653	24,044
		EU27 ヶ国	561,253	11,173	3,658	1,531	432,385	559	2,106	1,596	453,009	8,624	4,435	3,209	25,222	36,989	15,675	19,636
		中国（本土）	222,369	38,454	8,694	769	23,668	1,551	9,336	10,972	93,443		4,686	4,286	5,368	63,434	45,135	37,322
		アフリカ	108,709	5,468	2,218	348	22,819	133	1,117	1,133	33,235	3,167	9,998	4,046	15,308	13,013	6,574	11,059
		南アメリカ	55,262	7,960	2,122	971	5,561	25	111	193	16,944	1,292	321	137	472	31,733	5,876	2,196
		ブラジル	13,684	499	105	53	2,252	11	35	24	2,979	479	117	92	342	8,134		1,316
		東南アジア	139,277	15,510	1,886	123	10,541	1,895	11,432	3,695	45,083	16,413	8,507	679	3,624	19,052	9,723	38,864
	EU 域内貿易を除く世界計にしめる比率	アメリカ合衆国	13.0		17.8	19.6	15.0	0.7	1.7	1.5	56.4	3.0	3.4	0.7	2.2	12.4	2.3	11.9
		EU27 ヶ国	8.3	8.7	2.8	1.2		0.4	1.6	1.2	16.0	6.7	3.4	2.5	19.6	28.7	12.2	15.2
		中国（本土）	14.3	17.3	3.9	0.3	10.6	0.7	4.2	4.9	42.0		2.1	1.9	2.4	28.5	20.3	16.8
		アフリカ	7.0	5.0	2.0	0.3	21.0	0.1	1.0	1.0	30.6	2.9	9.2	3.7	14.1	12.0	6.0	10.2
		南アメリカ	3.5	14.4	3.8	1.8	10.1	0.0	0.2	0.3	30.7	2.3	0.6	0.2	0.9	57.4	10.6	4.0
		ブラジル	0.9	3.6	0.8	0.4	16.5	0.1	0.3	0.2	21.8	3.5	0.9	0.7	2.5	59.4		9.6
		東南アジア	8.9	11.1	1.4	0.1	7.6	1.4	8.2	2.7	32.4	11.8	6.1	0.5	2.6	13.7	7.0	27.9

注：1）「水産物」には内水面・海洋の，魚介類及び水生植物を含む。
　　2）2021 年の世界農水産物輸出総額（EU 域内貿易含む）は 1 兆 9,321 億ドル、輸入総額は 1 兆 9,928 億ドルである。
　　3）「比率」の表頭「世界計」欄は，世界の輸出・輸入各総額に対する表側国・地域の比率である。その他は表側国・地域別輸出入額に対する相手国・地域の比率である。

資料：FAO, *FAOSTAT:Detailed trade matrix* , and *FishstatJ: Glaobal aquatic trade_release 4.03.06.*

のFR全体ではなく中国に限定した場合でも、「中国－ブラジル（および南米）大豆・食肉商品連鎖」をもってして「中国農業食料輸入複合体」の全貌を云々するには無理があることがわかる。

3．日本の世界市場強度依存型食料安全保障への内憂

次に日本の「世界農業」化型（市場原理的国際分業依存型）食料安全保障を脅かす内的構造問題（内憂）について考えたい。

第一に、貿易赤字の急拡大と構造化である。**図6-3**の国際収支ベースで2007-2008世界金融危機不況を引き金に急落した貿易収支は第２次安倍政権「異次元量的緩和」による円安誘導にもかかわらず見るべき黒字は2016、

図6-3　日本の国債等（年度）、経常収支（暦年）、農産物輸出入（暦年）の推移　(1990～2022年、兆円、%)

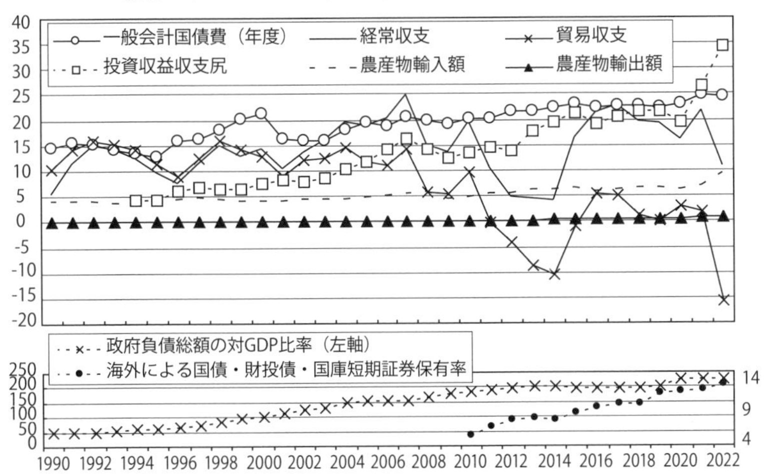

注：１）国債費には政府負債（国債、政府借入金、政府短期証券）すべての元利返済が含まれる。
２）2022年度の政府負債総額は2022年12月末、GDPは暦年の速報値を使った。
３）2022年の農産物輸出入額は農水省「農林水産物輸入情報」12月，を使った。

資料：財務省「国際収支状況」「財政金統計月報（国際収支特集」「予算及び決算の分類（１）主（重）要経費別分類：昭和24年以降主（重）要経費別分類による一般会計歳出と当初予算及び補正予算」「国債及び借入金並びに政府保証債務現在高」「財政金融統計月報（国内経済特集）」「国債等関係資料」、FAOSTAT, *Trade*, およびIMF, *Econoimc Outolool Database. April 2022*。

2017、2020年だけで低落傾向を止められず、2022年には一挙に15.7兆円の赤字へ転落した[5]。

第二に、これをカバーしているのがほぼ一貫して増えている投資収益黒字で、2022年には34.5兆円に達している（日本の2022年12月末対外純資産は419兆円で世界最大)。つまり巨額の貿易黒字で農産物を必要なだけ輸入して食料安全保障というのは、国内での分配問題を度外視してマクロ的にだけ見ても過去のものとなっている。経常収支は確かに黒字で農産物輸入額をかなり上回っていたが、近年は2017年をピークに減少傾向で、両者の趨勢線を単純に延長すれば非常に近い将来逆転しかねない勢いである[6]。

第三に、とどまる所を知らない日銀信用創造依存の国債増発による元利償還（したがって予算における国債費）の膨張である[7]。政府（国）負債総額は2021年度末で1,241兆円（2022年12月末で1,271兆円)、その対GDP比率は228％に達し、そのため予算における国債費は毎年度24兆円以上となり、2024年度当初予算案では27兆円に上っている。同時に国債・財投債・国庫短期証券のうち海外による保有率が確実に上昇して2023年３月末で14.5％となった。つまり国債費3.6兆円超が対外債務支払であり、その額は農産物輸入額に近づきつつある（統計アップデート前だがより広い議論について、磯田 2023c)。また、貿易赤字の構造化に加えて、日銀国債買入による異次元金融緩和が増幅した急激な円安で、円建て農産物輸入額そのものが激増している（2021年6.9兆円→2022年9.4兆円)。

４．結語―基本法見直しは新自由主義的食料安全保障と「世界農業化」路線からの訣別を―

ここまでの論述で次のことがらが明らかになった。

第一に、新自由主義グローバリゼーションの下で、本来的農業食料生産力・調達力に現在ないし潜在的脆弱性を抱えた諸国も含めて農業食料をますます国際分業に委ねる「世界農業」化を内実とする、新自由主義的食料安全保障（それは第３FRの編制原理に照応的でもあった）は世界的にも日本についても、少なくとも2010年代半ば以降、事実上破綻を示している。

第二に、21世紀以降の世界農業食料貿易構造の巨大な変化として、中国の世界最大の輸入国・純輸入国化とアメリカの世界第２の輸入国化および純輸入国への転換があった。FR論の直近の国際的議論では特に前者が注目を集め、「国家資本主義」に特徴的な国家の強力な介入・支援による「新重商主義的食料安全保障」戦略と、中国の政府と巨大化した国有企業が主導する対ブラジル・南米間「大豆（・食肉）複合体」の台頭が強調された。しかし今日のFRの「多極化」「移行ないし空白期」等を議論するためには、アメリカ、EU、東南アジア、アフリカなどをめぐる多様で相互関連的な変動も含めた包括的な検討が必要となっている8)。

第三に、とは言え穀物・油糧種子分野で「中国輸入複合体」と、アメリカを典型とするアグロフュエル需要創出という別種の強力な国家介入が相俟って、「政策市場化」とも言うべき事態が生じている（本章での例証はアメリカ市場に限定された）。このことが、いわゆる日本の「買い負け」の背景にあると言える。

第四に、基礎食料世界市場が新自由主義的「競争」原理的であれ「政策市場」的であれ、日本の資本主義自体がそこへ農産物・食料調達を依存する力を中長期的に喪失していく構造的可能性（懸念）を高めている。

これらは一国としても「一人一人」レベルとしても食料安全保障を回復・発展させるためには、今般の基本法見直しにおいて、新自由主義的食料安全保障と「世界農業」化路線からの訣別と、食料自給率・自給力向上こそが、当面する最大の課題となっていることを意味している。

しかるに、政府・自民党が「見直し」結果の基本的な結論および方向性として打ち出したものは、そうなっていない。その点をごく簡潔に敷衍しておく。

大きな問題点のひとつめが、国内農業の維持・強化にとって輸出を「不可欠」にまで祭り上げて、「至上命題」化したことである。

食料・農業・農村政策審議会（以下、政策審）の基本法検証部会の「中間

取りまとめ」(2023年５月29日。部会事務局＝農政官僚及び財務官僚の意向に沿ったもの）が、「第２部　分野別の主要施策、１　食料分野、⑶食料施策の見直しの方向⑥」で、「輸出を国内農業・食品産業の生産の維持・強化に不可欠な要素として位置付け」た（下線は引用者)。「輸出で農業成長産業化」論の淵源は、少なくとも現行基本法の官僚立案時点に求められるが（磯田 2020, p.87)、それを確立したのが第２次安倍政権である。

すなわち政権復帰直後の2013年３月TPP交渉参加表明を受けた2013年６月『日本再興戦略』（初版）で、メガEPAを国是（＝絶対与件）とした中で明言化された。以後、TPP交渉参加（同年７月）や同大筋合意（2015年）等を受けた新旧『農林水産業・地域の活力創造プラン』（現行基本法の趣旨を逸脱して「基本計画」を超える農政の最上指針とされた）に埋め込まれた。しかしそれが食料自給率向上に何の益ももたらさなかっただけでなく、フードインセキュリティの悪化と併進したことは本章で確認したとおりである。

にも拘わらず、「中間取りまとめ」の前段・自民党「持続可能で強固な食料基盤の確立に向けた『食料・農業・農村政策の新たな展開方向』の策定と食料・農業・農村基本法の見直しに関する提言」(2023年５月17日)、「中間取りまとめ」、両者を忠実に反復した官邸直属の食料安定供給・農林水産業基盤強化本部「食料・農業・農村政策の新たな展開方向」(2023年６月２日）が「輸出不可欠」論を継承し、政策審「答申」(2023年９月11日）が最終オーソライズした。

$$\text{自給率} = \frac{\text{国内生産}}{\text{国内向け供給}} = \frac{\text{国内向け生産} + \text{輸出向け生産}}{\text{国内生産} + \text{輸入} - \text{輸出} + \text{在庫減}}$$

であるから（単位が物量、熱量、金額のいずれであれ)、国内向け生産が不変、さらに減少させてさえ、輸出（それ向け生産）を増やすと計算上の自給率は向上しうる。しかしこれが、自国の都合で既存輸出を国内向けに優先転換するという、日本政府自身が非難し続けている輸出国実践を想定したものでしかなく、上述の今日的状況下で国内市民への「食料の安定供給」、食料安全保障の「保障」になり得ないことは明らかだろう。

ふたつめが、法案提出・国会審議過程の紆余曲折がありつつも、現行基本法で「食料の安定供給」の柱に据えられた「食料自給率」とその「向上」の相対化、さらに言えば「埋没」化である。これはひとつめと表裏一体・不可分であり、同様に検証部会「中間取りまとめ」〜本部「新たな展開方向」〜政策審「答申」を貫く、自給率以外の多数指標導入論である。曰く、「国民一人一人の食料安全保障の確立」、「輸入リスクが増大する中での食料の安定的輸入」、「肥料・エネルギー資源等食料自給率に反映されない生産資材等の安定供給」、「国内だけでなく海外も視野に入れた農業・食品産業への転換」、「持続可能な食品産業への転換」。いずれかの「指標」で「前進」があれば、食料自給率がどうなろうと「お構いなし」になるだろう（現行法下の「基本計画」体制でも、自給率目標が一度たりとも達成はおろか向上できなくとも、「お構いなし」だったが）。また1996年FAO食料サミットで定式化された「一人一人の食料安全保障」概念を、1999年現行基本法ではスルーしておいて、四半世紀も経った「見直し」という周回遅れで持ち出すのも、如何にも不自然でしかない。

かくて政府・自民党による今般の「基本法見直し」は、「世界農業」化路線を一層強化・邁進する内容であり、そこにこそフードレジーム論視点からの、また歴史現実的な、「没歴史性」（本書編集代表者から与えられたモチーフ）があるというのが、本章の結論である。

注

１）FR論について、その体系的な創始者ら自身による2010年代半ば時点での相互論争的到達と膨大な関連文献を示したものとして、バーンスタインほか（2023）も参照されたい。

２）筆者はこれらの穀物関連多角的・寡占的垂直統合体企業を「穀物複合体」と概念化してきた（磯田 2001）。

３）アメリカのトウモロコシ市場を見ると、最近の生産量3.7億〜3.8億トンに対して、激増した燃料エタノール向けと飼料等向けが各1.4億トン（需要の38%）程度でほぼ安定的であるのに対し、輸出は豊凶変動の影響をもっとも受けて4,000万トン〜7,000万トン（需要の７〜18%）の間で大きく変動する、いわば「残余」的供給先と化している（詳細は磯田 2023a参照）。FAOSTAT: Detailed Trade Matrixの利用可能な直近2021年データによると、中国のトウモロコシ輸入総量2,848万トンのうち第1位がアメリカ1,983万トン（69.9%）、第2位がブラジル823万トン（29.0%）だった。

またアメリカ大豆市場では、生産量が1.2億トン前後へ急増しており、それを牽引する輸出も6,000万トン水準に達している。搾油仕向けはそれより緩やかに6,000万トン近くに伸びているが、大豆油自体では約1,100万トンのうち燃料用が500万トン近くまで激増して、食用油等の650万トンに迫り近々凌駕するほどの勢いである。2021年の中国大豆輸入総量9,652万トンのうち第1位がブラジル5,815万トン（60.2%）、第2位がアメリカ3,230万トン（33.5%）だった。

要するに両品目とも、中国の輸入がアメリカ市場で非常に大きな要素となっており、またアメリカ依存抜きに中国の消費も成立しないのが現状である。

4）アメリカ農務省USDAのWASDE（World Agricultural Supply and Demand Estimates）とPSD（Production, Supply and Demand）の2023年12月発表版によれば、2021/22販売年度（9月～8月）の大豆期末在庫は、世界計が9,800万トン（消費量3億6,400万トンに対する在庫率26.9%）のうち、中国在庫量が2,760万トン（消費量1億840万トンに対する在庫率27.0%。なお輸入量は9,050万トン）であり、中国以外の世界在庫率は26.9%だった（日本はわずか6.7%）。トウモロコシの場合、世界計が3億1,051万トン（消費量11億9,970万トンに対する在庫率25.9%）のうち、中国在庫量が2億914万トンを占め（消費量2億9,100万トンに対する在庫率71.9%。輸入量は2,188万トン）であり、中国以外の世界在庫率は11.2%でしかない（日本はわずか9.0%）。

5）なお財務省2023年12月8日発表速報によれば、2023年1月～10月の貿易赤字は6.1兆円となっている（対前年同期比53.1%減）。

6）前注と同じ速報によれば、経常収支黒字は17.7兆円となっている（同98.2%増）。

7）日本銀行「資金循環統計」2023年6月末時点速報（同9月20日公表）によれば、国の負債残高（国債・財投債・国庫短期証券）は1,239兆円で、その保有者は①家計13兆円（保有構成比1.0%）、②銀行・協同組合等の預金取扱金融機関が130兆円（10.4%）、③証券投資信託が17兆円（1.4%）、④保険が210兆円（16.9%）、⑤年金基金が31兆円（2.5%）、⑥海外が181兆円（14.6%）、⑦日銀584兆円（47.1%）となっている。①～⑤を国内貯蓄原資と見ると合計401兆円（32.3%）であるから、日銀信用創造が最大の「引き受け手」と化している。

8）多くの資本主義諸国で多様な程度と形態で国家の経済・市場介入が強まる傾向が見られる中で、「国家資本主義」をいかなる概念で捉えるかも大きな論点である。そもそも「新自由主義の時代はかなり国家統制的な時代といわれており」、「現代の国家資本主義は、実際面では新自由主義と異なる現象とは言え」ず、また「国家資本主義は多様」であり「主要先進国の一部」「主要な自由主義市場」でも「新たな金権エリートたち」が「国家を捕獲し、民間のレントを最大化する積極的な経済主体としての国家の役割を拡大させる体制を維持する」、そのために近年のアメリカやイギリスで「ある種の権威主義体制へと移行する必要が生まれ」ているという指摘もある（ウッド2022、pp.43-49)。この議論は、アメリカが牽引する「リベラル能力資本主義」と中国が牽引する「政治的（または権威主義的）資本主義」の二つのタイプの資本主義が「残った」としつつ（ミラノヴィッチ2021、p.12)、前者アメリカで「金持ち」による買収をつうじて「政治システムが民主制から寡頭制に移」るという（同、pp.65-66)、後者との近似化の指摘とも通底しよう。

また「重商主義」が国家の強力な経済介入と自由競争の制限を重要な特質にしていたのは史実だが、同時に産業資本よりも商業資本的蓄積を重視していた点も想起される。だから国家介入が再び強まれば直ちに「新重商主義」という概念を持ち出すことについても、今日、金融資本的蓄積が（中国も含めて）最重要の基軸になっていることに鑑みて、深い検討を要する論点だろう。

参考文献

Belesky, Paul and Geoffrey Lawrence (2019), Chinese state capitalism and neomercantilism in the contemporary food regime: contradictions, continuity and change, *The Journal of Peasant Studies* 47 (6), pp.1119-1141.

バーンスタイン、H.、マクマイケル、P.、フリードマン、H.／磯田宏監訳、清水池義治・橋本直史・村田武訳 (2023)『フードレジーム論と現代の農業食料問題』筑波書房.

Esher, Fabiano (2021) BRICS varieties of capitalism and food regime reordering: A comparative institutional analysis, *Journal of Agrarian Change* 21 (1), pp.46-70.

Fares, Tomaz (2023) China's financialized soybeans: The fault lines of neomercantilism narratives in international food regime analysis, *Journal of Agrarian Change* 23 (3), pp.477-499.

久野秀二 (2019)「世界食料安全保障の政治経済学」田代洋一・田畑保編『食料・農業・農村の政策課題』筑波書房、pp. 83-127.

磯田宏 (2001)『アメリカのアグリフードビジネス―現代穀物産業の構造再編―』日本経済評論社.

磯田宏 (2020)「食料・農業・農村基本法と基本計画における農産物・食料輸出入」『農業と経済』86 (2), pp.86-95.

磯田宏 (2023a)「米国の穀物・油糧種子産業構造および関連政策に関する分析」林瑞穂・野口敬夫・八木浩平・堀田和彦編『穀物・油糧種子バリューチェーンの構造と日本の食料安全保障―2020年代の様相―』農林統計出版, pp.61-95.

磯田宏（2023b）『世界農業食料貿易構造把握の理論と実証—フードレジーム論と食生活の政治経済学の結合へ向けて—』筑波書房.
磯田宏（2023c）「新自由主義的食料安全保障の破綻とパラダイム転換」『共生社会システム研究』17(1)、pp.28-48.
Lin, Scott (2023) Restoring the State Back to Food Regime Theory: China's Agribusiness and the Global Soybean Commodity Chain, *Journal of Contemporary Asia* 53(2), pp.288-310.
McMichael, Philip (2005) Global Development and the Corporate Food Regime, Buttel, Frederick and Philip McMichael eds., *New Direction in the Sociology of Global Development*, Amsterdam, Elsevier, pp. 265-299.
McMichael, Philip (2020) Does China's 'going out' strategy prefigure a new food regime? *The Journal of Peasant Studies* 47(1), pp. 116-154.
ブランコ・ミラノヴィッチ／西川実樹訳（2021）『資本主義だけ残った』みすず書房.
Wesz Jr., Valdemar, Fabiano Escher, and Tomaz Fares (2023) Why and how China reordering the food regime? The Brazil-China soy-meat complex and COFCO's global strategy in the Southern Cone, *The Journal of Peasant Studies* 50(4), pp.1376-1404.
ジェフェリー・ウッド（2022）「国家資本主義を再理論化する」溝端佐登史編著『国家資本主義の経済学—国家は資本主義を救えるのか？—』文眞堂、pp.41-57.

〔2023年12月15日　記〕

第7章

EU農政における食料安全保障と環境・気候対策
—基本法への示唆—

平澤　明彦

1．はじめに

本章に与えられた課題は、「EU農政の包括的な視点からみた基本法見直しの課題を論じる」ことである。とくに食料安全保障の維持強化と環境対応に重点を置く。

EU農政すなわち共通農業政策（CAP）は従来も日本でしばしば参照されてきたが、とりわけ2020年以降は、EUが環境・気候戦略の下でファームトゥフォーク戦略（F2F）を打ち出し、それを日本のみどり戦略が明示的に参考にしたことから注目された。そしてさらに2022年からは日本で食料・農業・農村基本法（以下、基本法と呼ぶ）の見直しが進められる中で、EUの直接支払制度などに関心が寄せられている。

EUからの示唆を検討するうえでは、EUと日本では農業条件や政策の背景が大きく異なることを踏まえる必要がある。また、包括的な視点を得るには、長期的な情勢の変化に応じたEU農政の主要課題と戦略的な展開を、EU農業の基礎的条件と対比して論じることが有効であろう。

基本法見直しの大きな論点である食料安全保障と環境対応は、CAPにおいても重要な課題であり、かつ現在大きな変化の最中にある。また、EUではこれらが所得支持制度（直接支払い）と結びついている。日本でも農業を支えるうえで所得支持の重要性は高い。本章はこれらの分野を主な検討の対象とするが、必要に応じて農政一般の中での位置づけについても論じる。

2．EU農政の食料安全保障対応

（1）関心の高まり

EUは2010年代以降、それまで薄れていた食料安全保障への関心を再び高め、CAPの中での位置づけを高めてきた。

もともとローマ条約（1957年）が定めたCAPの目的には（食料の）安定供給の確保が含まれており、第一次および第二次世界大戦における食料不足の経験を踏まえて食料安全保障は重要な課題であった。やがてEUはCAPの農業保護と生産性向上によって食料の輸入地域から輸出地域へと転換し、1970年代以降は農産物の生産過剰と、過剰農産物の補助金付き輸出による対米通商摩擦が大きな問題となっていった。こうした食料需給の変化に加えて、EUの加盟国が拡大し、冷戦が終結する中で欧州における戦争のリスクは減じ、食料安全保障に対する関心は後退した。

しかし2000年代後半以降に穀物など主要農産物価格の世界的な高値が続くようになったことを受けて、2013年CAP改革の準備中に食料安全保障が重視されるようになり、改革構想（2010年）の段階では第一の課題を食料安全保障、それに対応する第一の目標を存続可能な食料生産とし、それを支える農業所得の施策として直接支払いによる所得支持が結びつけられた（平澤2021：p.17）。それまでのCAP改革で主要な課題とされていた競争力は、食料安全保障を支える要素となった。

そして現行制度を定めた2021年CAP改革では、食料安全保障が全般的目標の第一に明示された。そして全般的目標の下に設けられた個別目標の第一は、長期的な食料安全保障と農業の多様性を増進し、農業生産の経済的持続可能性を確保するために、EU全域で存続可能な農業所得と回復力を支える（CAP戦略計画規則2021/2115第６条）としている。これによって食料安全保障が所得支持の目的であることが法制上明示されたといえよう。こうした変化と整合的に、現行制度では各種直接支払いの制度名はそのほとんどが何らかの「所得支持」となり、なかでも予算の大きな割合を占める制度は「持続可能性」のための所得支持と位置づけられた。なお、これらの規定はいずれも2018年に提出された当初の法制案に既に盛り込まれており、2020年以降の情勢変化によって追加されたものではない。

（2）2020年以降の動向

新型コロナウイルスのパンデミックとウクライナ紛争を受けて、2020年以降は各種食料安全保障対策の充実が図られている[1)]。論点整理や緊急時に備えた体制整備、蛋白源の自給度引き上げなどが進められつつある。

EUは従来、緊急時の食料安全保障についてEUレベルの総合的な施策や即応態勢を有していなかった[2)]。現行基本法の下で緊急時の対策を拡充してきた日本とは対照的である。自給度の高さからくる危機感の薄さが反映していると考えられる。

2020年にパンデミックが発生すると、体制の不備により様々な問題が生じた。一部の加盟国が国境を閉ざして食料の輸送が困難となる、あるいは異なる部局が相矛盾する対策を講じる、必要な情報が政策決定者・フードチェーンの現場・消費者に届かない、といった事態である（European Commission 2021）。

欧州委員会は急遽、パンデミックで遅れていた公表前のF2Fに食料安全保障を追加した。そして翌2021年11月に「危機の際における食料供給・食料安全保障を確保するための緊急時対応計画」（同前）を提出した。組織整備の面では、加盟各国が参加する常設の専門家グループ「欧州食料安全保障危機準備・対応機構（EFSCM）」を設置し、加えて民間部門組織の担当者ネットワークを構築するとした。また、情報整備の面では、リスクと脆弱性のマッピング、関連情報を集約したダッシュボード（統計の視覚化を含むWebサイト。2022年12月に稼働した）、EFSCMによる各種対策の検討を打ち出した。

続いて2022年３月にはウクライナ紛争の勃発を受けて文書「食料安全保障の確保と食料システムの強靭性強化」を提出した。これによりウクライナに対しては緊急支援と農産物輸出経路「連帯レーン」を提供し、EU域内については市場施策（農家への補償と市場介入措置）で市場混乱の影響を受けた農家を救済し、直接支払いの環境要件[3)]を一時的に緩和して増産の促進を図った。

さらに2022年11月には肥料とエネルギーの価格高騰を受けて文書「肥料の供給と負担可能な価格の確保」を提出した。文書は農業者及び肥料生産者への助成を提示し、加盟国が国家緊急計画に基づいてガスの配給を行うことになった場合は肥料生産者を優先できることを示し、品目別に市況のデータと予測等の情報を集約しWebで公表する「市場観測」の仕組みに肥料を追加する方針を打ち出し、また、加盟国が2023-27年のCAP戦略計画で持続可能な施肥対策（施肥の効率化や有機資材の活用など、おもに環境対策と見なされていたもの）を、化学肥料を節約するために促進するよう呼びかけた。

2023年１月には文書「食料安全保障の推進要因」によって、食料安全保障への取り組みに関する考え方が示された。文書によれば、真の政策課題は、短期と長期のニーズを両立し、持続可能で強靭な食料システムに移行することである。短期的には供給や値ごろ感、利用、安定が重要であり、長期的には気候や自然資源の持続性を考慮する必要がある。両者の相互関係を理解することが重要であり、多くの政策分野と食料システム全体にわたる複雑さを受容できる体系的アプローチが求められる。

2023年７月にはEFSCMへの諮問に対する２つの勧告書が公表された。一つは危機におけるコミュニケーションの指針であり、もう一つは供給源の多様化に関するものである。また、今後はリスクと脆弱性の軽減・対処方法に関する勧告が予定されている。

これらのうち供給源の多様化に関する勧告は、①一次生産における農場・地域・マクロレベルの多様化は、持続可能で強靭な農業システムを促進するうえで最も効果的であること、②円滑な貿易は食料安全保障に重要であるが、輸入が国内生産を圧迫して依存関係を生み出す逆効果に注意が必要であり、また輸入先の多様化は限られた国への依存を避ける鍵であること、③川下部門については、短いサプライチェーンの補完的な役割は認められるものの供給力・保護主義・需要・価格に注意が必要であり、健康・環境・資源の面から植物性食品を増やしたバランスの取れた食生活が望ましく、各種表示を奨励すべきであること等を述べている。

もう一つ、ウクライナ紛争によって既存の議論に新たな展開が生じた。主要農産物のうちで輸入依存度の高い蛋白質作物（大豆など）の自給度向上である。元々は2017年から2018年にかけて「蛋白質戦略」の議論があったものの、欧州委員会は結論を先送りし、加盟各国が自ら戦略を策定するよう推奨した。2021年12月にはフランスとオーストリアが共同声明を出してEUレベルで蛋白質戦略を策定するよう再度呼びかけた。間もなく2022年２月にウクライナ紛争が勃発すると情勢が変化し、翌３月には欧州（首脳）理事会が宣言の中で植物由来蛋白質のEU域内生産拡大により輸入依存を削減する方針を打ち出した。続いて農相理事会、欧州議会本会議、農業・飼料・種子の各業界団体が蛋白質戦略の策定を支持した。こうした動きを受けて、消極的であった欧州委員会も同年４月にはその種の政策文書を作成する必要を認め、2024年には飼料・食用の両方、そして環境・気候への配慮を含んだ報告書を提出する予定である。

（3）ウクライナのEU加盟の可能性

これらは当面の動きであるが、ウクライナ紛争によって、より根本的な論点が浮上している。それはウクライナがEUに加盟する可能性であり、もし実現すればEUの食料安全保障にとどまらず、CAPのあり方も大きな影響を受ける可能性がある。

a　安定的な農産物輸入先の確保

今般の紛争が始まってからEUでは新たな東方拡大の可能性が検討されている。ウクライナは2023年２月にEUへの加盟を申請し、６月には正式な加盟候補国として認められた。ウクライナは年内の加盟交渉開始を望んでおり、欧州委員会は11月に交渉の開始を勧告した。また、モルドバと、条件付きでボスニアヘルツェゴビナについても交渉開始を勧告した。

当面の加盟の可否によらず、これによって世界有数の農産物輸出国であるウクライナはこれまで以上にEUの安定的な輸入先となりそうである。EUは従来もひまわり油・種子の多くやトウモロコシをウクライナから輸入しており、気候変動によってさらに拡大が必要となる可能性もある。

EUの食料安全保障を脅かす大きな要因の一つは、気候変動とそれによる異常気象、とくに干ばつである。今後、地中海沿岸の気象条件は農業にとって厳しくなると予測されている。作況のリスクが増す中でウクライナからの農産物輸入は不作時の頼りになる。実際に2022年はEU各地の干ばつで飼料トウモロコシが不作となり、フランスの輸出余力が削がれたため、被害の深刻であったスペインやイタリアでは不足分を賄うのにウクライナからの輸入が貢献した。

しかも、ロシアとの戦争により港からの輸出が困難となったウクライナを支援するため、EUは域内の陸路と水路をウクライナ産農産物の輸送経路（連帯レーン）として提供し、拡張を進めている。戦争終結後もこの輸送インフラが残れば、EUのウクライナからの農産物輸入にも貢献するであろう。

ウクライナはドイツとフランスの合計に匹敵する広い農地（４千万ha、EUの４分の１強に相当）を有するのに対し、人口はEUの10分の１で少ないため農産物の輸出余力が大きいうえ、価格競争力も高い。開戦以前、ウクライナの小麦輸出価格は主要輸出国の中でロシアと並んで低水準であった（ただし品質は低い）。

b　加盟した場合の影響

もしウクライナがEUに加盟して欧州単一市場に参加すれば、大量の農産物がEUの現加盟国に輸入される可能性が高そうである。それを先取りする事態が現に発生している。支援の一環としてEUがウクライナに対する輸入関税を停止した結果、ウクライナとの国境沿いの東欧諸国に小麦やトウモロコシなど安価なウクライナ産農産物が流入したのである。連帯レーンは本来海外輸出の輸送経路のはずであったが、実際には農産物が東欧諸国に滞留した。関税が免除されたことに加えて、港からの輸出ができなくなったウクライナ産農産物は値下がりして[4)] 飼料メーカーなどEU側の需要者にとっては魅力が増した。その一方、陸路は輸送費が嵩むためEUを通過して海外に輸出することは不利になったのである。

国境沿いの諸国では、ウクライナからのトウモロコシ輸入が平年２千～３千トンのところ、数百万トンへと急拡大し、小麦やひまわり種子の輸入も増えて国内市場の需給均衡が崩れた。そして2023年４月にはそのうち３か国が個別にウクライナからの輸入を停止する事態となった。WTOルールに抵触するとして欧州委員会が介入し、５月２日から９月14日までEUが５か国への輸入を一時的停止した。CAPの農業準備金（市場施策用の財源）を取り崩して農業者への補償もなされた。EUの輸入停止措置が解除されると３か国が再び独自に輸入を制限し、ウクライナはWTOに提訴するとともに、各国と協議して輸入の再開を働きかけている。

この一件からも明らかなように、ウクライナがEUに加盟すれば、今の制度を前提とすれば、欧州単一市場に安価かつ大量の農産物が無制限に流入し、加盟国およびEU域内の食料需給に大きな影響を与える可能性がある。EU域内とはいえ「輸入が国内生産を圧迫して依存関係を生み出す逆効果」が懸念されよう。

域内市場の不安定化に加えて、ウクライナの加盟はCAP財政を圧迫するであろう。CAP財政は加盟国間の再分配機能を有している。加盟国のEU財政への拠出は各国のGNIに比例し、CAPの給付金は各国の農業生産に基づいている。そのため高所得で農業依存度の低い国から、低所得で農業依存度の高い国へと財政移転が生じる。この仕組みの下では、低所得で広大な農地を有するウクライナは大きな受益を期待できるはずである。報道によれば、EU（閣僚）理事会の事務局が試算したところ、ウクライナやバルカンの９か国が加盟した場合、現行予算規則を当てはめればウクライナはフランスを上回りCAP補助金の最大の受給国となり、現加盟国の受給額は20％減少するという（Financial Times, 4 Oct 2023）。

現加盟国の受給水準を維持しようとすれば、CAP予算を拡大するか、あるいはCAP財政の仕組みを大きく変更する必要がある。CAP予算は近年削減の対象となってきた。農業以外の様々な優先事項（気候、環境、難民、戦争など）が増えた一方、低所得国への財政移転を嫌う所得の高い加盟国がCAP財政の拡大に対して消極的なためである。ウクライナが加盟して財政移転がさらに拡大する中で、CAP財政を拡大に転じさせることは容易ではないであろう。

このようにウクライナが加盟すればCAPは大がかりな対策が必要である。そもそもCAPは米国など新大陸の農業輸出国との競争からEUの農業を保護する仕組みとして作られた面がある。競争力の高い大量輸出国であるウクライナを抱え込むことは容易ではないはずである。現状のCAPの枠組みが相当に変わる可能性も否定できない。

3．環境・気候対策とEU農政

（1）環境・気候対策の背景

EU農政が環境・気候対策を進める理由は、単に社会の要請だけではない。CAPで直接支払制度を正当化することが次第に難しくなり、新たな政策目的への転換が必要となっているからでもある[5)]。

直接支払いは1992年の改革に始まるCAP改革によって本格的に導入された。当時EU農業の主要な問題は、生産過剰と対米通商摩擦、それにGATTウルグアイラウンド交渉であった。改革の主な内容は農産物の政策支持価格を引下げて農家の所得を直接支払いで補塡することであった。これによって輸出補助金の削減と輸入自由化、ウルグアイラウンドの妥結が可能となった。EU域内では穀物の飼料向け需要拡大や、減反の義務付け、そして直接支払いを過去の生産実績に基づき固定することで生産過剰を抑え込んだ。価格支持の役割は大幅な値下がり時のセーフティネットへと後退し、平常時の農業所得は直接支払いが支えるようになった。やがて2003年改革ではWTO対策のため、品目横断的な単一支払いへの移行が開始された。

この改革は段階的に対象品目を拡大し、2008年のヘルスチェック改革でほぼ全品目（綿花を除く）に及んだ。この間、いわゆる消費者負担から財政負担への移行によりCAPの財政規模は拡大し、農業所得に占める補助金の割合は1割から4割へと大きく増えた。

こうして従来型のCAP改革が完成した時、その当初の課題は消失しつつあった。米国のバイオ燃料振興や中国など新興国の輸入拡大によって、主要農産物の国際価格が高値基調に転じたのである。CAPにおける穀物・油糧種子や牛乳の生産調整は意義を失い廃止された。農産物輸出国間の摩擦は減り、かつWTOドーハラウンド交渉が停滞したため、CAPの変革を求める外圧がなくなった。

そのためCAPをめぐる議論は内向きとなり、直接支払いの予算削減圧力が高まった。リーマンショック（2008年）後の経済金融危機や、難民、エネルギー、環境などEUの優先課題と政策分野が拡大したため、EU財政の大きな割合を占めるCAPへの圧力が高まったのである。

そこで直接支払いの予算維持を正当化するため、環境対策など公共財の供給を強化する方針となった。2013年CAP改革は、直接支払いの3割をグリーニング支払いとして追加的な環境要件を課した。CAPの第一の柱（所得支持と市場施策）にこのような一種の環境支払いを加えたことは画期的であった。

また、直接支払制度に関する以前からの批判は、助成金の大規模生産者への集中や、加盟国間・農業者間の助成水準の格差に向けられたものもあった。2013年CAP改革では直接支払制度が目的別に分化し、グリーニング支払いのほかに予算の2割程度（実績ベース）が支援を特に必要とする農業者（中小経営、青年農業者、支援を要する品目・地域）を対象とする制度に充てられ、従来型の基礎的な所得支持は5割に減った。これらはCAP第二の柱である農村振興政策の条件不利地対策（自然等制約地域支払い）や農業環境・

気候支払い、青年農業者向けの投資助成といった既存の施策と組み合わされて地域の多様なニーズに応えるよう意図されている。また、直接支払いの過去実績は原則として廃止され、1ha当たり給付額は加盟国間や各国・地域内である程度平準化が進められた。また、高額受給者の減額措置も強化された。

農産物の高値傾向が定着したことも、直接支払いの正当性を危うくした。直接支払いは本来、農産物の値下がりを見込んでそれを補填するために導入された。しかし実際には値下がりは起こらなかった。国際価格が上昇したためである。その傾向は今も続いている。例えば小麦や生乳の場合、EU市場価格はむしろCAP価格以前の支持価格を上回っている時期が多い。直接支払制度は当初の目的を失ったのである。そうした市況は現在に至るまで続いている。

（2）CAPとEUの環境・気候戦略

a　2021年CAP改革の対応

2010年代後半になると英国のEU脱退による対EU拠出金の縮小や、CAP予算（2021-2027年）の４割を気候変動対策に用いるよう欧州（首脳）理事会から求められたことなどから、CAPは2013年改革で打ち出した新たな方向へさらに進まざるを得なかった。

そして2021年CAP改革では、グリーニング支払い（上記）を「エコスキーム」で置き換え、従来よりも高度な環境・気候対策を対象とすることとなった。従来グリーニング支払いに課されていた環境要件は、直接支払い全体の受給要件である「コンディショナリティ」（旧制度におけるクロスコンプライアンス）に吸収され、それだけでは追加的な助成を受けられなくなった。

やがて2019年後半に発足したフォンデアライエン委員長の欧州委員会は、EUの環境・気候戦略である欧州グリーンディール（EGD）や、その分野別戦略であるファームトゥフォーク戦略（F2F）、2030年生物多様性戦略（BDS）を打ち出したが、いずれも農業に関してはすでに2018年から審議中であったCAP改革法成案に含まれるCAP戦略計画とエコスキーム、そしてコンディショナリティの活用を強調した。F2FとBDSは連携して農業に対する複数の数値目標を提示したが、その実現方策を担うのはおもに環境関連の施策であり、CAPには助成と誘導の役割が期待された。それを受けて成立した2021年CAP改革の法制（CAP戦略計画規則）は、各加盟国が策定するCAP戦略計画がそれら環境・気候戦略に貢献するよう、関連する文言をCAP目標に追加し、また各種環境・気候法制の目標への貢献を義務付けたほか、前文で各国計画の立案・承認・評価に際し環境・気候戦略への配慮を求めると述べている（平澤 2022a)。

b　F2F/BDSの法制案と摩擦

2021年秋以降、F2FとBDSに基づく各種法制案や戦略が提出され、農業に対する環境規制の強化が様々な形で試みられた。とりわけ以下にみる３つの法制案は、いずれも画期的な内容を含み、かつ農業に対するF2F/BDSの数値目標の大部分を何らかの形で義務付け（**表7-1**)、各国で目標と計画を定

表 7-1　F2F/BDS 農業数値目標（2030 年）の法制案

<table>
<tr><th>達成目標（注１）</th><th>法制案</th><th>内容</th><th>現状（注２）</th></tr>
<tr><td>化学農薬半減
（F, B）</td><td rowspan="2">植物防護製品持続可能使用規則案</td><td>EU 合計 50%削減、国別削減率の設定</td><td rowspan="2">欧州議会は否決</td></tr>
<tr><td>有機農業 25%
（F, B）</td><td>水準を定めず国別拡大計画を義務付け</td></tr>
<tr><td>養分損失半減、肥料２割削減（F, B）</td><td>土壌健全法案
（未提出）</td><td>義務付けを検討</td><td>規制色のない土壌モニタリング法案に変更</td></tr>
<tr><td>花粉媒介者増加（B）</td><td rowspan="2">自然再生法案</td><td rowspan="2">各国に義務付け
水準を定めず各国拡大義務</td><td rowspan="2">欧州議会修正案は農業生態系の再生条項を削除</td></tr>
<tr><td>生物多様性景観農地 10%（B）</td></tr>
<tr><td>抗微生物剤半減（F）</td><td></td><td></td><td></td></tr>
</table>

注：１）表中「達成目標」の「F」は F2F、「B」は BDS。
　　２）「現状」は 2023 年 11 月時点。
出所：筆者作成

めて進捗管理するものであった[6)]。

第一に、農薬の使用を規制する「植物防護製品持続可能使用規則案(SUR)」は、F2F/BDSの目標の１つ、すなわち化学農薬の使用・リスクを2030年までに半減することを全体の目的として掲げた。従来、現行制度（持続可能使用指令）の下では農薬使用を最後の手段とする総合防除（IPM）の義務付けが加盟国段階で徹底されなかったことを踏まえて、加盟国による法制化の不要な「規則」の形式をとり、加盟国が実施すべき事項を具体的に定めるとともに、農業者がIPMの実施状況や農薬の使用を逐一当局のデータベースに入力するよう義務付ける。また、影響を受けやすい場所での農薬使用を禁じ、代替農薬の使用を推進し、関連データを整備する。さらに、この制度を遵守するための投資にはCAPの直接支払いや（第二の柱の）農業気候・環境支払いを使うことができ、その場合はコンディショナリティ（前述）の例外を認める。

第二に、自然再生法案（NRL）[7)]は、EGDのうち資源・環境保全分野(「自然の柱」)の基幹的な法制案であり、BDSの記述の過半を占める自然再生計画の対象領域を概ね網羅している。2022年６月22日に上記のSURとともに公表された。これまで、種や生息地の保全施策は、鳥類指令と生息地指令に基づく保護区を対象としていた。それに対してこの自然再生法案は保護の対象を生態系一般に拡大する。農業生態系など各種の生態系についてそれぞれ達成目標と計画を設定し、2050年までに再生を必要とするすべての生態系を再生措置の対象にする。世界初とみられる野心的な内容であるが、一代前の2020年生物多様性戦略（2010年策定）で生物多様性の減少を食い止める目標が実現できなかったことを踏まえている。

第三に、土壌健全法案（SHL）も世界初の試みである。水・海洋環境・大気の保全制度に倣い、土壌の保全について一貫性のある包括的な法制を確立する。この分野ではかつて土壌保全枠組指令案（2006年）が不成立に終わり、まだEU法が存在していない。今回の土壌健全法案は、2021年11月に提出された「2030年に向けた土壌戦略」で予告された。同戦略は2050年までにすべての土壌生態系を健全な状態にすることを目指しており、土壌健全法案の施策の選択肢として、養分損失・肥料削減の義務付けや、持続可能（および持続不可能）な土壌管理慣行の特定と法的要件の設定、新規の土地開発と補償、建物などによる土壌密閉の抑制、掘削土の再利用促進、土壌汚染管理の強化などが挙げられた。

３つの法制案は全体としてBDSの自然再生計画に対応している。自然再生計画のうち自然再生法案が網羅しない分野は持続可能使用規則案と土壌健全法案に任されている。なお、持続可能使用規則案の対象は農薬の使用に限られているが、自然再生法案と土壌健全法案は農業にとどまらない広い分野を対象としている。

このように３法案は大掛かりな規制の導入を目指したのであるが、過去の失敗の経緯からも読み取れるとおり、いずれの分野もこれまでEU内で合意が形成されていなかった。特に農業部門からの反発は大きく、それが次にみるEUの政治情勢と重なって欧州議会で大きな混乱を引き起こすことになった。

そもそも農業部門の主流は2021年CAP改革の策定やEGDに対して、環境・気候対策は費用がかかるので農業者には対価が必要であり、そのために農業予算の増額が必要であると主張してきた。それにもかかわらずCAP予算が削減されたため、環境規制の拡大に対しては拒否感が強い。前述のとおり直接支払いの予算は環境対策を強調することによって維持されており、そのことが環境部門からの期待水準を高めている面があると考えられる。

欧州議会ではこの状況を選挙対策に利用する動きが生じた。最大の政治会派である欧州人民党（中道右派）は、2024年の選挙へ向けて、2022年から農業寄りの姿勢を強めた。F2F/BDSの各種立法案は農業者の経営と食料生産、ひいては食料安全保障を脅かす懸念があるとして厳しい姿勢をとり、他の右派諸会派もそれに同調した。一連の法案を推進する左派と緑の党は守勢に回り苦戦した。

2023年11月時点における３法案の状況は以下のとおりである。持続可能使用規則案は欧州議会で否決された。最終案で加盟国の農薬削減義務やモニタリングの規定が削除されたため、左派と緑の党が反対に回った結果である。自然再生法案は欧州議会の修正提案が可決されたものの、各種生態系のうち農業生態系の回復に関する規定は削除された。土壌健全法案については欧州委員会が提出を取りやめ、代わりに内容を縮小した規制色の薄い土壌モニタリング法案が提出された。

このように農業部門と右派の反発により、EGDの自然の柱は大きな打撃を被った。比較的順調であった気候変動分野（気候の柱）とは対照的である。とはいえ欧州議会は欧州委員会の立法案を単独で修正できるわけではない。共同決定権を有する環境相理事会はより穏健である[8]ため、法案自体が提出されなかった土壌健全法案以外についてはまだ回復の余地が残されている。とくに自然再生法案については、ある程度当初の立法案に近づく形で欧州議会の環境委員会がすでに環境省理事会と政治合意に達している。成立には2月に欧州議会の全体会議で承認を受ける必要があり、欧州人民党に阻止される可能性もある。持続可能使用規則案は、仮に環境理事会の修正案を欧州議会が受け入れれば成立するが、その可能性は低いとみられている。

4．CAPの行方

（1）次期CAP改革へ向けて

農業担当欧州委員は、2028年から実施される次期CAP改革の構想を2024年春には提出する意向である。外部環境としてはEGDや食料安全保障、ウクライナ加盟の可能性、さらには異常気象の増加などの課題への対処が問われよう。

それに加えて、直接支払制度の一層の見直しが進む可能性もある。EU・CAP財政の最大の資金拠出国であるドイツでは、国の設置した農業未来委員会（農業、経済・消費、環境・動物福祉の各主要団体の代表と、農業・環境研究者で構成）が2021年の最終報告書で、現行の農地面積に基づく直接支払制度を、2028年からの次期CAP改革までに、「社会的目標に対する貢献を経済的に魅力的にする」ための助成に変えるよう提言した（ZKL 2021: p.93）。ドイツの現農相（緑の党所属）はもっぱら環境・気候対策を想定しているが、農業者団体は食料安全保障も対象に含めるべきだと考えている。

ドイツで提起された、現行の所得支持を公共財供給に対する支払いへと変える転換は、欧州で既に実例がある。2014年にはスイス、最近は英国がそうした制度を導入した。スイスの制度は食料安全保障、環境・景観、国土の分散居住といった農業の多面的機能全般を対象とする各種直接支払いであるのに対して、英国はもっぱら環境・景観に集中しているという違いがある。CAPも2013年改革のグリーニング支払いと2021年改革のエコスキームにより、部分的に所得支持から環境支払いへの転換を果たしている。しかしEUではポーランドなどの中東欧加盟国が所得支持を重視しており、全面的な転換は容易ではないと考えられる。

（2）足下の政治情勢

2023年には複数の加盟国で極右政党が議席を伸ばした。その多くは反EUの姿勢である。新型コロナ感染症による不況や、ウクライナ紛争によるエネルギー価格の高騰、食料などの物価上昇が現状に対する市民の不満と疎外感を高めている。象徴的なのはオランダの動向である。オランダでは2023年３月の地方選挙で、農民市民運動党が広範な支持を集め、連邦の上院で第一党となった。同党は農業者に対する政府の急激な環境規制への反発が高まって2019年に結成された。農村部にかぎらず、都市部やエリートに対する不満層の支持を得たとみられる。さらに同年11月の下院選挙では極右政党が躍進して初めて第一党となった。今後、農民市民運動党（中道右派）を含む右派の連立政権が成立する可能性がある。この選挙では、欧州委員会のティメルマンスEGD担当上級副委員長が職を辞し、労働政党と環境政党の連合を率いて母国オランダで政権獲得を目指したが、第二党にとどまった。

こうした傾向が続けば、2024年６月の欧州議会選挙ではEUに批判的な会派や右派が拡大するのではないかと見込まれている。今後のEGDには向かい風となる可能性がある。

欧州委員会のフォンデアライエン委員長は2023年９月の一般教書演説で、自然と調和した食料安全保障は不可欠な課題であると述べ、EUの農業の将来について戦略的対話を開始すると述べた。これまで欧州委員会が環境・気候戦略ではもっぱら長期的な食料安全保障を確保するために環境・気候対策が重要であると主張してきた姿勢を転換し、農業部門との調整が必要であることを認めたといえよう。また、委員長は欧州人民党所属であり、EGDを先頭に立って推進してきた左派のティメルマンス上級副委員長が去った（上記）今、EGDは勢いを失っているとみられる。

（3）食料安全保障と環境・気候対策

食料安全保障をめぐって、EUの環境部門は環境・気候対策の長期的な必要性を主張するのに対して、農業部門は当面の農業経営と生産への影響を懸念しており、議論がかみ合っていない。

環境・気候戦略における食料安全保障の議論は、農業経営を維持する観点が欠けている。EGDには食料安全保障への言及が全く無く、配慮が欠けていたことがわかる。F2Fには、パンデミックの発生を受けて食料安全保障が盛り込まれたものの、その内容は主に緊急時に備えた態勢の整備であった。BDSは長期的な食料安全保障にとって、食料生産基盤の維持と生産の安定につながる環境・気候対策が重要であることを強調した。

それに対してCAPは、食料安全保障を確保するため、直接支払いによって農業所得を支え、EU全域の農業生産を維持しようとしている。農業部門も環境・気候対策が生産の維持と安定に必要であることは理解している。しかし環境・気候対策に既存の農業予算を使い、農業に対する規制を強化すれば、農業者は所得支持の目減りと費用の拡大に直面する。

とはいえ農業部門はCAP予算を確保するために環境への貢献を高める必要があり、消費者の変化（次項）にも応えねばならない。他方の環境部門は

EUに十分な予算がなく、CAPの貢献に期待している。両者はそうした実際的な理由からお互いを必要としているはずである。上述のとおり、欧州議会における立法案審議の紛糾を経て、欧州委員会は両者が関わる戦略的対話を予告した。欧州委員会が2023年１月の文書（上記）で真の政策課題であるとした、短期と長期のニーズの両立につながるかどうかが注目される。

（4）消費の変化

農業部門は環境規制の強化案に反発している。しかしEUの消費者は持続可能な食品への志向を強めているため、農業者もそれに合わせて生産の転換を図っていく必要がある。

2010年代以降、EUの年間一人当食肉消費量は低下傾向にある。とくに所得の高い北欧と西欧はその傾向が顕著であり、2020年までの10年で10kg程度減っている。明確に食肉消費が増えた国は相対的に所得の低い中東欧のみである。温室効果ガスなど環境問題への懸念が主な理由であるが、健康や動物の処遇への配慮も影響している。そうした傾向は若い世代ほど強いとされるため、今後勢いを増す可能性もある。

企業はこうした情勢を商機と捉えている。ドイツ食品産業協会の調査によれば回答者の41％がフレキシタリアン（肉をあまり食べない人）であったという。ドイツの格安スーパー大手のリドル（Lidl）[9)]は、取扱食品の蛋白質に占める植物性蛋白質の割合を2030年までに11％から20％に引き上げる方針である。同社は自社ブランドでほとんどの植物性代替食品の価格を動物性食品並みに引き下げると発表した（2023年10月11日付報道発表）。報道によればALDIなどドイツのスーパー他社も追随する動きがあるという（S&P Global, 19 Oct 2023）。

５．日本への示唆

以上に述べたとおりEUの情勢は流動的であり、施策の評価も定まっていない。しかし大きな政策課題に対する対応の方向については日本に示唆するところが少なくないと思われる。EUと日本の農地資源の格差と関わらせながら論じてみたい。

EUは日本に比べて人口一人当たりでみた農地資源が豊富であり、農業者の平均経営面積規模も一桁ほど大きい。この基礎的条件の相違による余裕度の高さは、食料安全保障の確保や、環境・気候対策のあり方に大きな影響がある。EUと日本を対比する際はそうした条件の違いを踏まえるべきであり、それを活かした分析も可能である[10)]。

（1）食料安全保障の重要性

EUは大豆など飼料用の蛋白質作物を除き、主要農産物の多くは自給率が高い。欧州委員会はそのことをEUの食料安全保障が確保されていると主張する際の根拠にしている。食料の多くを輸入に頼る日本と比較すれば、輸入の混乱や途絶のリスクなど、対外的な不測事態により想定される食料安全保障の問題の深刻さははるかに小さいと言ってよいであろう。

それでもEUは食料安全保障のため直接支払いによる所得支持でEU全域の農業生産を維持しており、また植物蛋白質の自給度を高める方策を検討している。対外的な不確実性が強まる中で、高い自給度を維持するとともに輸入依存を減らし、食料を極力自給しようとしているのである。マクロの調達確保を重視する姿勢は日本と共通している。

まして農地資源が不足して輸入依存度の高い日本は、国内生産のてこ入れに注力する必要があるだろう。経済的な地位の低下による購買力の低下はその必要性をさらに高めている。農業者の減少・高齢化と耕作放棄が進み、近い将来に農業労働力の急減が予想される今、国内生産と農地を支えてこれ以上の崩壊を避けるべきである。

他方、緊急時に備えた施策や態勢は日本の方が進んでいるようである。EUは整備を始めたところであるのに対して、日本は過去20年以上にわたり基本法と基本計画により施策を拡充してきた。日本ではさらに強化を図るため、スイスやドイツの例を参考にして不測時に民間部門に対して輸入や生産転換などを求めるための法的基礎を整備する方向で検討が進んでいる。

（２）環境・気候対策の余力

EU農政における環境・気候対策は、環境部門からの要請を取り入れつつ農業経営への影響を可能な限り抑えるよう進められてきた。EGD以降の環境部門からの攻勢は大規模であったが、欧州議会でかなりの程度押し戻された。各種立法案の行方は不明であるが、少なくとも環境部門側の積極的な政策立案によって農業部門に対する具体的な要請が明らかになったことは大きな進展といえる。環境・気候対策と食料安全保障の調整は今後の課題である。気候変動や自然資源、生物多様性への対応が急務とはいえ、農業経営と生産への配慮は必要である。欧州委員会の研究機関は、F2Fの目標の一部を達成した場合に域内の農業生産が縮小し、輸入が拡大するとの試算を公表している。戦略的対話が予定されているものの、予算制約が厳しいため難しい交渉になると思われる。日本はEUの着地点を見極めながら対応する必要がある。

EUは農地資源が豊富で食料の自給度が高いため、もし環境・気候対策で生産性が低下しても食料安全保障に及ぼす影響は日本と比べて深刻ではないと考えられる。消費者が食肉離れを起こしつつあることも、食料供給に要する内外農地面積の縮小を通じて環境・気候対策と食料安全保障の両立に貢献するであろう[11)]。ましてウクライナが加盟すればかなりの余力が生じ、食料供給力を確保しながら環境・気候対策を進めやすくなると考えらえる。

日本はこうした条件を欠き、農地の不足が主要な問題である。そのうえ高温多湿で雑草や病虫害が多い。環境・気候対策と食料安全保障の両立は相当に難易度が高いであろう。しかしいずれも避けては通れない課題である。みどり戦略が冒頭で明記しているとおり、環境・気候対策と生産性の向上を同時に目指す必要がある。また、日本は環境・気候対策の余地を確保するためにも、また気候変動による不安定性の高まりに対処するためにも、今ある農地をできる限り維持するべきであろう。

また、平澤（2022b）で確認したとおり、みどり戦略は技術開発の比重が高い。有機農業の産地化促進などの取組はなされているが、農業者を誘導する施策の整備はこれからの課題である。基本法には、それにふさわしい理念と施策の位置づけが求められる。CAPの既存施策や各国のエコスキーム、それに各種の環境規制案は参考になるであろう。

（3）未解消の米過剰

日本にはEUが既に克服したもう一つの課題が残されている。米の過剰生産力である。日本の遅れには農業の競争力の低さと戦後の農政の方針が反映している。

EUは1992年以降のCAP改革と、その後の国際価格上昇により穀物や乳製品の余剰は輸出補助金なしで輸出できるようになった。改革前の内外価格差は２倍前後であり、政策価格を国際価格に近い水準に引下げるとともに直接支払いで相当程度の補填がなされたのである。また、それだけの競争力がない甜菜とワイン用ブドウについては、製糖工場の撤退や低価格ワイン用品種の抜根による生産力の縮小が図られた（平澤 2019a)。

それに対して日本の米は、ウルグアイラウンドの当時、内外価格差が十倍程度と大きく、日本はその価格差を直接支払いで埋める選択はしなかった。その後食管制度を廃止して米価が３割ないし４割下落し、足元では円安と、ジャポニカ米の主な輸出産地である豪州及び米国カリフォルニア州の干ばつが続いても、なお輸出競争力を獲得するには及んでいない。また、米価が下落する過程で農業者への本格的な補填は戸別所得補償の時期を除き行われず、稲作所得は縮小した。

米の国内需要が縮小し輸出が難しい以上、他の土地利用型作物への転換が必要であるが十分に進まず、半世紀にわたり米の生産力過剰が続いている。戦後の農政は旧農業基本法の選択的拡大政策の下で米以外の土地利用型作物を輸入に委ねる方針を取り、飼料向けトウモロコシと大豆は無関税で輸入した。1973年の国際的な食料危機を経て麦・大豆の増産が図られたが、かつての生産量は回復しなかった。

（4）今後へ向けた方向づけ

EUは諸情勢の変化に応じてCAPの方向を転換し、それに合わせて直接支払制度を見直してきた。直接支払いは単なる所得支持ではない。それは営農の意思決定に大きな影響を与えるうえ、CAP予算の大部分を占めるので、農政の主要な課題の解決に貢献することが求められる。生産過剰の抑制、食料安全保障、環境・気候対策のいずれもそうした例である。上位の政策目標を明示してそれに相応しい制度設計を行うことは、所得支持を有効で効率的なものにする上で有効と考えられる。

また、情勢の変化に応じた政策目標の見直しも必要である。CAPの目的規定は1957年のローマ条約以来変更されていない。そのかわりに数年ごとにCAP改革の都度、基本条約にない今日的な課題（環境、気候、動物福祉など）をEU機関の間で確認して多年度政策の立法案を策定している。この仕組みがCAPに柔軟性を提供している[12)]。日本の制度にはそうした基礎的法制の定期的な見直しが組み込まれていない。時々の情勢に合わせて政策の優先課題が変化しても、基本法は改正されないので施策の上位目標や位置づけ、互いの整合性は次第に不明確になるのではないか。

以下、日本の向かうべき方向について筆者の意見を述べたい。日本の農業政策が基本的に目指すべきことは何か。国民に豊富で廉価な食料を安定的に供給することであり、そのために国内の生産力を維持・強化することではないか。不足する国内農地を有効活用できずに耕作放棄が進み、農産物の輸入依存が進む状況を打開することが喫緊の課題である。そして農地を維持するには土地利用型農業を立て直さねばならない。過剰の続く米から需要のある作物への転換が必須である。今世紀末に向けて日本の人口は半減すると予測されている。農地面積を維持しながら単収を高めることができれば、日本農業の基本的な問題である農地の不足は大幅に解消する可能性がある。

耕作放棄が進む基本的な理由は、土地利用型農業の収益性が低いことである。そのため若い就農者の多くは稼げる園芸を志向しており、農地を引き受ける担い手は数が足りず、集落営農や担い手も高齢化している。この点を改善しなければ展望は描き難いであろう。適地適作や単収引き上げの技術開発、農地の集積に加えて、所得支持による適切な下支えが不足しているのではないか。

日本は既に各種の直接支払制度を有している。競争力の低さを反映して面積単価はEUより１桁高く、農業条件の不利なスイスに近い。しかし、効率的に米以外の土地利用型作物を振興し、かつ今後急速に進む労働力の減少に対応する仕組みには必ずしもなっていないように見受けられる。例えば米の減反補助金が多く畑作物の適地適作と相反する面がある。飼料米はトウモロコシに比べて生産費が高く、高額の助成がなされている。その一方で、子実トウモロコシや粗飼料には経営所得安定対策（ゲタ・ナラシ）がない。トウモロコシは労働力の必要量が少なく、子実とサイレージの使い分けが可能であり、輪作により他の畑作物の改善に貢献する。子実トウモロコシは米より単収が高く、飼料として使う際の制限が少ない。労働力が急減する中で農地を維持しようとすればこうした作物が必要ではないか。本格的な拡大策を検討する意義があると思われる。

現在のすう勢が続けば米の需要は今後も減少する。水田の余剰は現在約半分であるが、人口が半減すれば４分の３に達する。日本の経済的地位の低下が続いて為替レートや購買力の悪化により米の需要が拡大に転じる場合を除けば、長期的には水田のかなりの割合を畑に転換しなければ農地として維持できないのではないか。転換は需要の変化に合わせながら超長期にわたり徐々に行う必要がある。そのペースや程度は気候変動や技術開発・普及、経済情勢などの状況に応じて適宜調整すればよい。水利施設の稼働率を確保するには地域でまとまって転換することが望ましい。水田の減少は過剰生産力による米価押し下げ圧力を減じ、米の単収引き上げを再び推進しやすくする効果も期待できよう。

食料安全保障のために農地を維持することを優先順位の高い政策目標に据

え、それに貢献する形で土地利用型農業全体を合理的に支援する制度が期待される。また、これらには環境との調和が求められる。飼料・資材の効率向上や、耕畜連携、粗放化による省力化など食料安全保障と環境対策の両立に資する方策に期待したい。

注

1）本項はおもに平澤（2023）による。
2）CAPの市場施策の一環として、価格の下落時や高騰時、その他市場の混乱時における農産物市場への介入策や、家畜の疾病対策に応じた生産者への補償が定められている。これらの施策は、域内市場価格の高騰時における輸出の抑制を除き、殆どが農業者に対する支援を目的としており、フードチェーンシステムを網羅するものではない。
3）グリーニング要件の一つである環境重点用地（耕地の５％）で作物の生産を許可した。その後、2023年には直接支払いが現行制度に移行したことを受けてコンディショナリティのうち「非生産的用地」（耕地の４％）での生産を許可するとともに、輪作の義務付けを免除した。いずれも１年限りの時限措置であるが、延長を求める加盟国もある。
4）連帯レーンで輸送できる量は海運の半分未満であったため、ウクライナは行き場のない農産物を抱えた。
5）本項はおもに平澤（2019b）による。
6）各法制案の詳細については平澤（2023）を参照。
7）自然再生法案、土壌健全法案、土壌モニタリング法案は通称であり、正式には法律案ではなく、全二者が規則案、後者は指令案である。EGDでは主要な法制に「法律」という通称を使っており、他の例としては欧州気候法がある。
8）通常、欧州議会の修正案は理事会よりも改革色が強いので今回はやや異例である。
9）ひき肉製品、牛乳、ヨーグルト、チーズ、アイスクリームなどの植物性代替食品を販売している（Lidlのwebサイトで確認、2023年11月29日アクセス）。
10）EUよりも日本に条件の近い国としてはスイスが挙げられる。農地の不足や輸入依存、食料安全保障の意識といった点が近い。
11）日本の一人当たり食肉消費量はEUに比べてかなり少ない（３分の２程度）ので同列には比較できない。
12）一方で基本条約を改正していないためにCAPが環境などの新しい分野で強い管轄権を得られず受け身になっているという指摘もある（平澤 2023）。

参考文献

Commission on the Future of Agriculture（ZKL）（2021）“The Future of Agriculture - A common agenda”，Recommendations of the Commission on the Future of Agriculture（ZKL），August.

European Commission（2021）“Contingency plan for ensuring food supply and food security in times of crisis”，COM（2021）689 final, Nov. 12.

平澤明彦（2023）「EU環境・気候戦略の進展と農業」『農林金融』76（4）、19-47頁、4月.

――――（2022a）「EUの2021年CAP改革にみるファームトゥフォーク戦略への対応」『農林金融』75（2）、2-23頁、2月.

――――（2022b）「EUのF2Fにみる「みどり戦略」との相違と示唆」『日本農業年報67』、113-129頁.

――――（2021）「次期CAP改革：CAP戦略計画規則案の説明覚書　解題」『のびゆく農業』（1051）、3月.

――――（2019a）「米国とEUにおける農産物の生産調整廃止とその後」『日本農業年報64』、41-64頁.

――――（2019b）「EU共通農業政策（CAP）の新段階」、村田武　編『新自由主義グローバリズムと家族農業経営』123-168頁、筑波書房.

［2023年12月4日　記］

第8章

中国の食糧需給動向と「食糧安全保障法」の意義
—日本農政が学ぶもの—

菅沼　圭輔

はじめに

2023年6月に中国では食糧安全保障法（一次草案）が第14期全国人民代表大会常務委員会第3回会議に提出され、10月には二次草案が同第6回会議に提出された（以下、食糧安保法案と略す）。

この法案は、耕地資源の保護と食糧生産の強化、食糧の備蓄と流通・加工業に対する管理などを内容とする全11章、68条から構成されている。対象になっている食糧（作物）（中国語は「糧食（作物）」）は小麦、水稲、トウモロコシ、大豆、雑穀とその製品で、油糧種子についても食糧に準じて同法を適用するとしている（第68条）[1)]。二次草案では食糧生産の強化に関連して、農業保険制度の導入、耕地資源の保護や耕作放棄地への対応策が加筆された。また、食料安全保障のための貿易の活用など国際協力の強化も盛り込まれた[2)]。

他方、国連食糧農業機関（FAO）の統計によると、現在の穀物自給率は2015年から21年の平均で、小麦と米が104%、トウモロコシは99%となっている。

日本でも基本法の見直しが行われているが、本章では高い自給率を誇る中国で食糧生産の強化を重点とした食料安全保障戦略の法制化が進められる意味について検討する。

1．近年の食糧需給の動向と食料安全保障の課題

（1）近年の食糧需給動向

2020年以降、トウモロコシや小麦などの穀物輸入が急増している。2023年4月開催の主要7カ国（G7）農相会合で世界的な農産物価格高騰について議論されたことを報じたニュースでは、中国が主だった穀物をかき集めていることが話題になったことが報道されている。アメリカ農務省の推計値で2022～23年穀物年度（期末）の世界の在庫に占める中国の割合が、トウモロコシが70％、米は62％、小麦は52％に達していることが紹介されている。もともと中国は14億人分の食料を確保するために、輸入の動きを強めており、経済成長に伴い調達力が高まり、世界中の穀物が中国に集まっている。さらに「農業強国」を掲げて自国の生産体制も強化しているという[3)]。

穀物の自給率が高いにもかかわらず、輸入が増加し、大量の在庫を確保していることが、近年の特徴であるが、一見奇異に見える現象が生じた原因は何であろうか。報道されるように何らかの意図があるのであろうか。

中国政府は大豆の自給率が30％以下に落ちたことを背景に、すでに「穀物の基本的自給、主食の絶対的自給」を確保すること、国際市場を適度に利用することを掲げるようになったが、今回の状況は単純に不足分の輸入と解釈することはできない。国連食糧農業機関の統計データを使って確認しよう。

表8-1には1990年代と2010年代の5年ごとの平均値で穀物の需給バランスを主食用穀物の小麦、米、そして飼料用穀物のトウモロコシに分けて示した。なお、直近の2020年と21年については2年間の平均値を示した。

小麦について見ると、1990年代は国内生産が国内供給仕向量と同じかやや不足しているため、純輸出がマイナス、つまり輸入超過で、在庫も減少し、自給率も100％以下であった。ところが、2010年代になると国内生産が国内供給仕向量を上回り、自給率も100％を超えるようになった。ただ、国内在庫が増加しているにもかかわらず90年代同様に輸入超過になっている。国内

表 8-1　1990 年代と 2010 年以降の主要穀物の需給動向

（単位：5年平均%、万t）

（1）小麦

期間	自給率（%）	国内生産	国内供給仕向	うち食料	飼料＋加工	純輸出	在庫変動
1990-94	93%	10,029	10,802	9,445	32	▲966	▲193
1995-99	100%	11,193	11,238	9,749	114	▲423	▲378
2010-14	102%	12,113	11,879	9,339	1,580	▲261	495
2015-19	109%	13,397	12,317	9,904	1,388	▲386	1,466
2020-21	90%	13,655	15,129	10,182	3,928	▲1,071	▲403

（2）米

期間	自給率（%）	国内生産	国内供給仕向	うち食料	飼料＋加工	純輸出	在庫変動
1990-94	107%	12,171	11,435	9,065	1,094	79	▲657
1995-99	104%	13,050	12,498	9,793	1,321	89	▲463
2010-14	104%	20,222	19,378	17,535	333	▲175	1,020
2015-19	105%	21,153	20,168	18,189	376	▲290	1,275
2020-21	102%	21,235	20,837	18,607	569	▲236	634

（3）トウモロコシ

期間	自給率（%）	国内生産	国内供給仕向	うち食料	飼料＋加工	純輸出	在庫変動
1990-94	113%	9,859	8,768	619	6,378	825	▲266
1995-99	106%	12,096	11,360	858	8,328	203	▲533
2010-14	113%	20,199	17,842	977	13,016	▲247	2,605
2015-19	101%	26,113	25,885	907	18,531	▲325	553
202021	95%	26,661	28,153	1,178	20,351	▲1,923	431

注：1990 年代と 2010 年以降では指標の定義が異なるため連続しない。例えば、米については1990 年代は精米、2010 年以降は精米と関連製品となっている。

資料：FAOstat “FoodBalanceSheets” による。ただし、1990 年代は “Food Balance Sheets Historic” による。

供給の内訳をみると2010年以降は90年代と違って飼料用・加工用仕向量が急増していることが分かる。直近の2020-21年では、食料用と飼料用・加工用の両方が増加したことを受けて、輸入量が年平均1,071万tに達しWTOの関税割当量963.6万tを超過した。近年の輸入増は2019年以降のトウモロコシ価格の高騰に伴い代替品として小麦の飼料需要が増加したことがきっかけになっているようである（菅沼 2023）。

米の動きも小麦に似ている。2010年代になって、国内生産が国内供給仕向量を上回っているにもかかわらず、輸入超過となった。これも飼料用・加工用仕向量が増えていることに関係している。

トウモロコシも国内生産が国内供給仕向量より多いにもかかわらず、飼料用・加工用が急増し、輸入も急増し、2020年には1,923万tになり関税割当量の720万tを大幅に超過したにもかかわらず在庫も増えている。

このように国内生産が国内仕向量より多いのに輸入を増やしているのが近年の特徴である。この直接のきっかけは飼料需要が急増してトウモロコシと代替品としての小麦や米に対する需要が急増したことにあると言える。

他方で、国内生産と輸入が増加する中で在庫が増えたのは、国内の備蓄構造の変化が関係していると思われる。2010年代に中国政府は価格支持政策の実施により米麦やトウモロコシ、大豆の買い付けと在庫（「政策性備蓄」）を増やして価格を維持した。その後、在庫の放出により近年の価格高騰に対処してきた。ところが、2021年になると、政府の在庫が減少したのに代わって、飼料・食品メーカーが原料の在庫確保のために積極的な買い入れと在庫の積み増しを行うようになった。小麦についても2021年には飼料メーカーと製粉メーカーが小麦を争って買い付けている状況があったという（李 2022、第1部）。このように政府在庫に加えて民間在庫が増えたことが、報道された中国の穀物在庫の増加の内実であったと思われる。

（2）近年の市場動向から見る食料安全保障の課題

2020年以降に国内生産が増える中で輸入が増え、在庫も増えた事態は食料安全保障という点からどのように評価すべきなのだろうか。

このことに関連して3つの問題点が指摘されている（李 2022、第3部）。第一は生産資材価格の上昇により食糧生産コストが上昇したため、生産量は多いものの輸入の急増をもたらしていることである。第二は需要に応じた供給ができなくなっている点である。水田稲作地帯や畑作地帯の主産地では土地の不足が課題となっている。畑作地帯では特に地下水源の枯渇などの問題も起きている。また、大豆の供給が不足しているが、それも土地資源の不足が原因とされている。東北と華北両地方の畑作地帯では、価格上昇によりトウモロコシの作付けが拡大したため、同じ夏作の大豆の作付が縮小してしまっている。大豆不足を解消するには耕地資源の拡充が重要であるという(李 2022、第２部)。第三は貿易に関するもので海外の産地から中国までの物流がぜい弱で市場変動への対応能力が弱いことである。

これらの指摘にもとづけば、国内需要が増加する一方で、輸入穀物に対する価格競争力の弱さと耕地資源の不足が、国内需給の緊張と近年の輸入増加の原因であったことになる。

2．食糧安全保障法案のポイント

以上の考察を踏まえて、食糧安保法案のポイントについて考察しよう。

中国政府は、2010年以降に主要農産物の輸入容認、農地集積の促進を通じた零細な家族農業経営に代わる新しい経営主体の育成、WTOのルールに沿った「黄色の政策」から農業のグリーン化への転換といった制度改革を次々と進めてきた[4)]。2019年には「中国の食糧安全」白書が公表されている(以下「白書」と略す)。現在、審議中の食糧安保法案は、新しい政策を提起するというよりも、これまでの制度改革を踏まえて、食料安全保障に関する国の関与の範囲と実施体制を体系的に整理したものとして位置づけられる。

食糧安保法案は11の章から構成されており、「第１章　総則」では、法制定の目的として、食糧の「有効供給」を保証して、安全の確保、リスクへの対抗能力の増強を図り、それにより社会の安定、国家の安全を実現することが示されている（第１条)。この「有効供給」とは消費需要に品目、数量、価格の面でマッチした供給と解される。そして、第２条で「穀物の基本的自給、主食の絶対的自給」という目標が示されている。法案の原則を示した「総則」からは、国民の食生活がレベルアップし多様化した中で、主食と飼料原料を最上位に据え、国際市場の利用を前提とせずにまず国内で解決しようとする食料安全保障に対する姿勢が見て取れる。

このことを踏まえて主要な部分である第２章から第７章のポイントについて見ていこう。

先に見た大豆の不足も以下の「第２章　耕地保護」と「第３章　食糧生産」に関わってくる課題である。

「第２章　耕地保護」では、①地方政府に対して、農外転用を禁ずる「永久基本農地」を指定すること（第10条）、転用の際に代替耕地を確保すること（第11・12条）、②灌漑・排水設備や農道を整備し、土壌改良を施した団地化した「高規格農地」を整備すること（第14条）、③耕地利用についても目標に従って食糧作物や重要農産物を優先的に作付けること（第13条）が定められている。

同様の規定は「土地管理法（2019年改正）」や「農業法（2012年改正）」にも見出せるが、「白書」で述べられている耕地の「非農化」と呼ばれる「永久基本農地」の違法転用と「非食糧化」と呼ばれる食糧作物の作付け減少の問題に対処することを示している点で意味が大きい。耕地の違法転用は個別事業者によるものだけでなく、地方政府の開発計画や鉄道・道路などインフラ整備の実施という公共事業によるケースもあるという（魏・黄 2022、第11章）。

「第３章　食糧生産」の部分では、「食糧生産機能区」や「重要農産物保護区」と呼ばれる作物を指定した生産エリアを設定し、そこを「高規格農地」に整備すること、勝手に指定作物以外の作物を生産することを禁止することを定めている（第22条）。多くの省では「重要農産物」として大豆、菜種や綿花が指定されている。さらに地方政府に食糧作物の作付計画を策定させて地域ごとの自給率を高めること（第23条）ことが定められている。

これらの実効性を高めるためにも、主産地を中心として食糧の価格形成や農業保護の面で措置を講じて生産者の生産意欲を高めることが定められている（第23条）。

最近整備されつつある直接支払い補助金制度としては、自然災害の被災や生産資材価格高騰へ対応した食糧一時給付金、主産地の生産者に給付される水稲補助金やトウモロコシ・大豆生産者補助金、農機具購入補助金が存在する。主産地の小麦と水稲については産地価格が基準価格より下がった時に政府が介入して価格支持を行う最低買付価格政策が継続しているが、近年は市場価格が高いため行われていない。さらに、二次草案の第６条には農業保険を整備することが付け加えられている。農業保険制度には完全費用保険　農業収入保険が含まれるが、2021年からの実験を経て2023年からは保険料の補助を含め主産地で本格実施するようになっている。第23条を文面だけ見るとここ10年ほとんど変わらないように見えるが、実際には「黄色の政策」が縮小され、食料・農業政策の内容が大きく変わっているため、結果として生産者は以前より市場に直接向き合わざるを得なくなってきている。

また、生産の効率化のために「家庭農場」などの大規模経営や「農民合作社」と呼ばれる農業経営の組織体などの新しい経営主体を育成することが掲げられている（第24条）。この部分は農業就業者が減少する中で「誰が農業をやるのか？」や「どのように農業をやるのか？」、つまり農業従事者の確保と効率的で価格競争力のある経営の育成が課題になっていることに対応している。

今日では「黄色の政策」が後退し、生産者が市場に直面するようになっていることを念頭に第４章以降を見ていこう。

「第４章　食糧備蓄」では備蓄管理の体制について定められている。政府備蓄には中央政府備蓄と地方政府備蓄があり、その目的は市場を通じた需給調整と市場の安定そして緊急時の対応を行うこととされている（第26条）[5)]。本法案では初めて民間備蓄に関する規定が設けられ、一定規模以上の加工企業（精米、製粉など）に企業の社会的責任として備蓄を行うように指導し、「家庭農場」などの大規模生産者に対しても自主的に備蓄を行い、さらに農家のための保管業務を代理するよう奨励することを定めている（第29条）。

「第５章　食糧流通」では、市場取引や売買を行う企業の管理の内容が規定されている。市場取引に関する管理としては、取引所の管理のほかに政府備蓄を取引所（電子商取引を含む）を通じて放出して市況を安定させること

(第32条)、物流・貯蔵施設の整備と維持管理を行うこと（第33条)、企業の取引や在庫状況に関する情報収集や市場情報の発信を行うこと（第36・37条）が定められ、加えてそれらの事業費の財源となるファンド「食糧リスク基金」を確保することも定められている（第38条)。

「白書」では2018年一年間の食糧の国内流通量は4.8億tであるとされている。ちなみに同年の生産量は約6.6億tであった。また、省を超えた広域流通量は2.3億tと全流通量の48％に達していた。政府の食糧備蓄能力はこれらの数量を超えて9.1億tあるという。

「第６章　食糧加工」では、政府が産地における加工施設の整備を推進すること（第39条)、企業に飼料加工や工業用加工よりも主食用加工を優先させるように指導すること（第40条）を定めている。食糧加工における主食優先の規定に続いて、各地方では人口数など勘案して加工（製粉、精米）施設の整備を行うことなどが定められている（第41条)。「第７章　緊急対応」では各地で大規模自然災害や市場の混乱に備えた緊急事態対策案を講じておくことが定められており、生産面での対応については定めがない。ちなみに「白書」では政府が指定する70の大規模・中規模都市では10~15日間の緊急用備蓄を保有することが提起されている。

以上のように食糧安保法案は食料安全保障に関する中央政府と地方政府の役割を定めているが、それを実行する上で次の特徴を踏まえておく必要がある。

それは31の省・市・自治区を主産地、需給均衡地、消費地に３区分し、消費地においても耕地資源の保護と食糧生産の維持を義務付けている点である。**図8-1**に示したように、主産地に指定されている14の省・自治区の2020年の食糧生産量は全国の6.7億tの80％を占めている。食料安全保障という点から見れば、主産地は全国向けに移出を通じて安定供給を担う産地であり、食料・農業政策の主な対象となっている。15％を占める10の需給均衡地は食糧全体としては需給バランスがとれているが、品目によっては過不足の調整が必要な地域であり、７か所ある消費地は主産地からの移入によって需要を満

図8-1　中国の食糧政策における地域区分

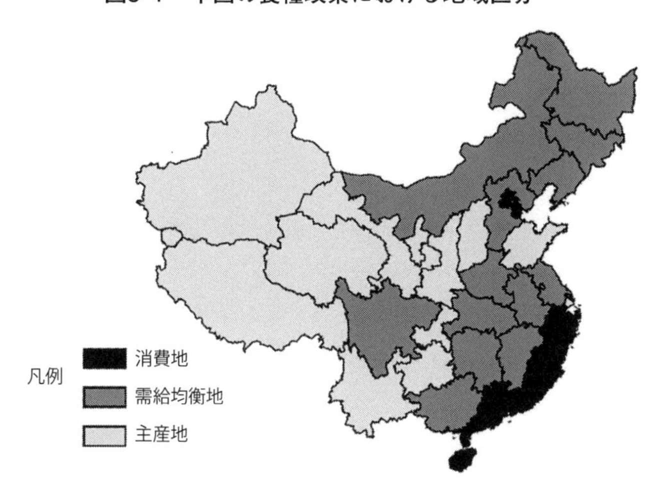

	省・市・自治区名	農業保護対象作物				食糧生産（2020 年）	
		小麦	水稲	トウモロコシ	大豆	生産量（万 t）	シェア（%）
消費地（7）	北京、天津、上海、浙江、福建、広東、海南					2,871	4.3%
需給均衡地（10）	山西、広西、貴州、雲南、西蔵、陝西、甘粛、青海、寧夏、新疆		○			10,399	15.5%
主産地（14）	黒竜江、吉林、遼寧、内蒙古、河北、江蘇、安徽、山東、河南、江西、湖北、湖南、重慶、四川	○	○	○	○	53,679	80.2%

注：１）政府の品目別の直接支払い補助金、小麦・稲の最低買付価格政策の対象地域は以下のとおり。トウモロコシ、大豆は黒竜江、吉林、遼寧、内蒙古、小麦は河北、江蘇、安徽、山東、河南、湖北、水稲は遼寧、吉林、黒竜江、江蘇、安徽、江西、河南、湖北、湖南、広西、四川である。

２）食糧生産量とシェアは中国統計年鑑編集委員会『中国統計年鑑 2021』中国統計出版社による。

たす必要のある地域である。首都・北京や上海市を含む消費地の生産シェアは４％に過ぎないが、食糧安全保障法案では消費地に対しても主産地に対する越境的な財政支援を含めて耕地資源の確保に貢献することや食糧生産量や自給率の維持が義務付けられている。

3．食糧供給の保障に関わる取り組み状況と課題

食糧安保法案は国内需要の変化に対応できる耕地資源の保全と食糧生産量の確保、さらに価格競争力の強化に結び付く経営主体の育成という点で、冒頭で検討した近年の中国の食糧需給動向にもマッチした内容になっていると考えられる。

以下では、耕地の保全と食糧作付面積の維持、そして農業経営の効率化と所得増加に関わる政策の展開状況と課題について考察する。

（1）耕地資源の確保の課題

表8-2には、まず国土資源省が行っている定期的な国土利用状況調査のうち第3回調査（2009年値）と第4回調査（2019年値）の耕地面積に関する結果を消費地、需給均衡地、主産地に区分して集計したものを示した。

2回の調査結果を比較すると10年間で耕地面積は1.35億haから1.28億haへ752.3万ha減っている。増減率は－5.6％であった。耕地資源の7割は主産地に分布しているが、各地域とも200万ha以上減っているから、増減率は消費地で‐30.3％と最も大きくなっている。

現行の「土地管理法」では農外用途への転用を行った事業者は面積・質ともに同等の耕地を開発するか、開墾費用を政府に納付する義務を負っている（第31条）ので、耕地面積が純減になっているのは転用分を開墾で補充できなかったことを意味している。

他方で、国土資源省が公表した2016年の数値では、開墾可能な土地面積は535.3万haであった。2回の調査時の間の10年間で、これらの予備的な資源がどのように利用されたかは不明であるが、750万haというそれ以上の耕地面積が農外転用後に未回復のまま消失してしまったのである[6)]。

次に「永久基本農地」の指定状況（2017年）と「食糧生産機能区」や「重要農産物保護区」の指定状況（2017年）について見よう。**表8-2**には、年次

表 8-2　全国の耕地資源の分布と各種保護農地の指定状況

		全国計	消費地	需給均衡地	主産地
耕地面積（万 ha）	2009 年	13,538.5	745.5	3,563.0	9,186.1
	2019 年	12,786.2	519.6	3,343.2	8,925.2
	地域別シェア（%）	100.0%	4.1%	26.1%	69.8%
	対 2009 年増減（万ha）	▲752.3	▲225.8	▲219.7	▲260.9
各種保護耕地面積の対耕地面積割合（%）	永久基本農地（2017 年）	80.8%	113.0%	80.2%	83.9%
	食糧生産機能区（2017 年）	46.9%	43.1%	32.6%	52.6%
	重要農産物保護区（2017 年）	12.4%	11.5%	7.5%	13.0%

資料：耕地面積および種類別耕地面積は国土資源部・国家統計局（2013）「第二次全国国土调查主要数值公報」、同（2021）「第三次全国国土主要数値公報」および各省人民政府HPによる。他の耕地指定状況の数値も各省人民政府HPによる（2023 年 11 月 25 日アクセス）。

はややずれるが2019年時点の耕地面積に占める割合を示した。

「永久基本農地」の指定面積は１億haで耕地面積の80.8％を占めている。需給均衡地と主産地でも８割を超えており、耕地の大部分の転用を禁止しようとしていることが分かる。消費地で113％となっているのは、2017年時点に指定された耕地の一部が2019年の調査時点までに転用されてしまっていることを意味する。ここから都市化・工業化の進んだ消費地において耕地を保護することが極めて難しいことがうかがえる。

「食糧機能区」や「重点農産物保護区」について見ると、前者が6,000万haで耕地面積に占める割合が46.9％、後者が1,590万haで12.4％となっている。食糧と重点農産物は輪作の関係で重複計算されている可能性があるが、合計すれば59.3％で、最も小さいのが需給均衡地の40.1％で、消費地は54.6％、主産地は65.6％であった。

ただ、食糧作物の作付面積を維持することもかなり難度が高いと言えよう。例えば、『中国統計年鑑』の数値をもとに2010年以降の農作物総作付面積に占める食糧作物の作付割合の推移を見ると、2015年時点は71.5％であったが2021年には69.7％へ２％近く減少している。最も変化が大きかったのは東北の主産地で2015年の99％から2021年には89.4％と10％以上減少している。

このように、現時点ですでに耕地面積の８割の転用を禁止し、控えめに見ても約半分の耕地を穀物の安定供給と自給率の低い大豆、菜種などの作付けに割り当てていることになる。だが、同時に耕地の農外転用や食糧生産の作付面積が減少する傾向が存在しており、食糧安保法案からこの問題に正対して取り組もうとする姿勢が見て取れるが、困難も大きいと予想される。

（2）農業経営の効率化と所得増加の課題

次に農業経営主体の状況について考察する。中国は1996年以来、３回の農業センサスを行っているが、**表8-3**には各回のセンサスに共通する農業経営を行う農村世帯数（以下農家とする）と農家以外の経営主体の数値を整理した。全国の農家数は2016年時点で約２億戸で、それ以前の調査時点より大幅に減ったとは言えない。センサスでは全国を東部、中部、西部の３地域に区分している。東部地区はこれまで見た消費地の多くを含む都市化の進んでいる地域で、中部と西部の両地区は主産地や需給均衡地が含まれる地域である。地域別にみると東部地域では農家数が減少傾向にある。中部と西部地区では増えているが、2006年から区分された東北地区は減少傾向にある。2016年には大規模経営の戸数も示されていて、400万戸弱あることになっているが、農家数の２％にとどまっている。

農家以外の経営主体を見ると2006年から2016年にかけて急速に増えている。ここには「農民合作社」などの組織や企業といった経営主体が含まれる。「農民合作社」には農業経営を行う組織だけでなく、農業機械作業の受託を行う組織も含まれているという。それぞれの経営主体がカバーする耕地面積は不明であるが、現時点でも小規模な家族経営が主体であることは確かであり、輸入穀物に対抗できる価格競争力のある大規模経営主体の育成には、まだ道のりが長いというのが現状である。

しかし、この10年間で地方社会には新しい状況が生まれ始めている。『中国統計年鑑』で2010年と21年の第１次産業就業者数を比較すると、全国で2.8

表 8-3　農業経営主体に関する農業センサス結果（単位万戸）

	年次	全国計	東部地区	中部地区	うち東北	西部地区
農業経営を行う農村世帯	1996 年	21,455.7	8,740.9	7,420.8	−	5,294.1
	2006 年	20,016.0	6,550.0	7,338.0	1,278.0	6,128.0
	2016 年	20,743.0	6,479.0	7,617.0	1,190.0	6,647.0
	うち大規模経営	398.0	119.0	169.0	83.0	110.0
農家以外の経営主体	1996 年	65.6	17.3	11.8	−	36.5
	2006 年	39.5	19.3	11.5	2.5	8.7
	2016 年	204.0	69.0	73.0	17.0	62.0
	うち農民合作社	91.0	32.0	37.0	10.0	22.0

注：3 つないし 4 つの地域区分は以下のとおり。
東部地区：北京、天津、河北、上海、江蘇、浙江、福建、山東、広東、海南。
中部地区：山西、安徽、江西、河南、湖北、湖南。うち東北地区：遼寧、吉林、黒竜江。
西部地区：内蒙古、広西、重慶、四川、貴州、雲南、西藏、陝西、甘粛、青海、寧夏、新疆。
資料：「関於第一次全国農業普査快速彙総結果的公報第 2 号」（2001 年 8 月 26 日）、「第二次全国農業普査主要数拠公報（第二号）」（2008 年 2 月 22 日）、「第三次全国農業普査主要数拠公報（第二号）」（2017 年 12 月 15 日）

億人から1.7億人へ38.9％減少している。第１次産業就業者の減少は目新しい現象ではないが、全産業合計の就業者数もが7.6億人から7.5億人弱へと1.9％減少している。地域別にみると消費地は1,700万人（11％）の増加であったのに対して主産地は3,400万人（7.9％）の減であった。

全国的な就業者数の減少は人口増加率の低下、高齢化さらに景気変動によるものであろうが、就業者の増減は地域的にアンバランスであり、主産地の各産業から消費地である大都市圏の第２・３次産業に人口が流出していると見ることができる。**表8-3**で見たように家族農業経営が多くを占める現状では、農業就業者の減少により「過剰就業」が解消されたり、農地流動化が加速され大規模農家の育成が進展したりというプラスの面よりも、将来的に地域社会の空洞化が急速に進行することが危惧される。

次に家族農業経営を中心とする経営主体を食糧生産に誘導する方法についても限界が指摘されている。2015年までは、食糧生産に関連した補助金が増額され、また価格支持政策についても政府が市場介入する基準価格が引き上げられてきたので、農家は食糧生産が所得増大につながると実感できたという。しかし、直接支払い補助金制度も新規のものはほぼ出そろったため、今後は政策支援による所得増加をのぞむことが難しく、農家の所得増加策として農村経済振興を進めることが必要になっていることが指摘されている（李2022、第3部）。

この指摘は、食糧安保法案がカバーする範囲を超えているが、地方からの人口流出が進行する中で、食糧生産の安定にとっても真剣に取り組むべき課題を提起していると言えよう。

おわりに

本章では中国の食糧安保法案の耕地資源の保護と食糧生産の維持に関わる部分に焦点を当てて法案の内容を整理し、その実現に向けた課題について考察してきた。

食糧安保法案は「穀物の基本的自給、主食の絶対的自給」を目標として掲げ、そのための耕地資源の保護を第一の課題に位置付け、その上で食糧供給の安定のための土地利用の方策と効率的な経営主体の育成に関する政府の義務と実施体制について規定し、その実施については各地の特徴的な食糧作物や重点農産物の生産を割り当てている。

しかし、国土開発や土地利用の多様化の進行に抗して消費地を含めてその目標を達成するには困難が予想される。こうした難度の高い目標を達成するには統制色の強い措置を講じることが必要になろう。土地の用途規制を行う際には日本で言う私権の制限が問題になるのが当然であろう。しかしながら、平時から市場を通じて需要と供給をマッチさせ、不測の事態に陥るリスクを軽減するのが食料安全保障であり、そのための“地盤”を固める上で耕地資源の保護と地域に応じた土地利用規制を最優先することは重要なのかもしれない。

他方、農業従事者あるいは効率的な経営主体の確保、育成という点では、現在進行している地方からの人口の流出は、農村を含む地域社会の危機が遠くないことを予想させる。食糧生産と農家の就業の場となる地域を守る上では、一足先に内発性を重視して「地方創生」に取り組む日本の視点は参考になるかもしれない。

注

1）本章では、“食料”安全保障という表記は一般的な概念として用い、中国の法制度を説明する際には“食糧”安全保障という表記を用いる。
2）「糧食安全保障法草案二審完善糧食安全保障投入機制」中国全人代HP（www.npc.gov.cn）、2023年10月21日（2023年11月25日アクセス）。なお、食糧安保法案の内容は国内政策に限定されており、国際市場対応については「第１章総則」の第７条の一部で言及されているだけである。
3）「G7、食料安保で途上国支援―穀物在庫は中国に集中」日経新聞web版（www.nikkei.com）2023年４月23日（2023年11月25日アクセス）
4）農業のグリーン化政策について筆者は菅沼圭輔（2022）、中国の食料政策と貿易動向については菅沼圭輔（2023）で解説している。
5）食糧安保法案（第26条）で言う中央と地方の備蓄のほかに、小麦や水稲の最低買付価格政策の実施など価格支持の目的で買い付けた穀物を運用する「政策性備蓄」がある。
6）「全国耕地後備資源8029万亩」『人民日報』中国中央政府HP（https://www.gov.cn）、2016年12月29日（2023年11月25日アクセス）。

参考文献

（日本語）
菅沼圭輔（2022）「中国版農業のグリーン化の背景と狙い」『日本農業年報67　日本農政の基本方向をめぐる論争点』、農林統計協会、第11章。
菅沼圭輔（2023）「飼料確保問題が焦点化する中国の食料安全保障」『日本農業年報68　食料安保とみどり戦略を組み込んだ基本法改正へ』、農林統計協会、第４章。
（中国語）
李経謀等編（2022）『2022糧食発展報告』中国財経出版社。
魏後凱・黄秉信編（2022）『中国農村経済形勢分析与予測（2021-22）』社会科学文献出版社、第３章。

〔2023年11月30日　記〕

第Ⅲ部

国民諸階層からみた基本法見直しへの期待

第9章

生協からの「基本法見直しへの意見書」

二村　睦子

1．生協と日本生協連について

日本生協連は全国の生活協同組合が加盟して作る連合会で、会員数は306、会員生協の組合員数は約3,041万人、同じく事業高は約3.7兆円の規模となっている（2023年時点）。

各地の生協の事業の中で大きな役割を果たしているのが「産直」事業である。生協の産直は1970年代から多くの生協で取り組みが始まり、様々な努力と工夫を積み重ねてきた。生産者から直接仕入れを行うということ以上に、生産方法や価格についての協議、組合員と生産者の交流などを通して、生産者と（生協を通した）組合員との信頼関係を築き、その上に農林水産物の生産・流通・利用をつなげるとりくみとしくみの総体を指しているともいえる。生協ごとに「産直」の定義は少しずつ異なるが、日本生協連を事務局とした「全国産直研究会」では、「生協産直基準」として下記のような基準を定めている。多くの生協では、この基準に則りながら、独自のしくみや運用で「生協産直」を実現している。なお、生協で取り扱う生鮮品のうち産直品の占める割合は生協ごとに異なる。また、生鮮品としての取引だけでなく、産直品を原材料とした加工食品も「産直品」として位置付けている生協もある。この辺りの考え方や取扱の状況、産地との関係のあり方は、生協ごとに違いがみられる点にご留意いただきたい。

〈生協産直基準〉

1．組合員の要求・要望を基本に、多面的な組合員参加を推進する
2．生産地、生産者、生産・流通方法を明確にする
3．記録・点検・検査による検証システムを確立する
4．生産者との自立・対等を基礎としたパートナーシップを確立する
5．持続可能な生産と、環境に配慮した事業を推進する

2．「食料・農業・農村基本法の見直しに関わる生協の意見」

（1）検討のプロセス

農林水産省で、食料・農業・農村基本法の見直しがなされるにあたり、生協としての考え方を取りまとめる必要がある、との考えから、2022年11月に日本生協連理事会の元に全国の会員生協の代表で構成する「食料・農業問題検討委員会」を設置した。委員会では、食料・農業・農村基本法成立時の部会長を務められた生源寺眞一先生による学習会を開催し、基本法検証部会での議論を紹介しながら、検証部会での検討と並行して議論を行った。筆者が基本法検証部会の委員であったこともあり、検証部会での論点や意見をある程度の臨場感をもって報告することができ、それを受けて、それぞれの委員からの意見を出していただき、議論を深めた。

委員構成は、地域バランスを考え、11生協から派遣いただいた。また、その立場は経営トップ、供給事業の責任者、産直事業の責任者、組合員の活動・参加事務局の責任者、組合員代表など様々な立場を代表するものであった。委員からの意見は、その立場や地域性を反映したもので、必ずしも一致を見る場面ばかりではなかったが、最終的には「消費者の立場」を重視した意見としてまとめたものである。また2024年３月の日本生協連理事会にて、意見書を確認いただいた。したがって、この意見書自体は大きく生協全体の合意事項でありながら、生協によっては独自の見解や立場をもっていること

を申し添える。

また、本稿の執筆にあたっては、委員会の場での議論や会員生協から寄せられた意見を踏まえつつ、筆者の解釈により記述をしている点をご容赦いただきたい。

（2）意見書の概要

基本法検証部会での議論の幅を反映し、意見書では多岐にわたる項目・内容について言及している。食料・農業・農村に関わる課題は、生協としても関心の高いテーマであり、また地域や事業・活動を通して、生産者と意見を交わす機会も多いことから、基本法検証部会で取り上げられた論点をできるだけフォローした形となった。

しかしながら、やはり生協として、現時点の社会情勢を踏まえての重点的な意見を明らかにした方がよい、との考えから、５つの意見を重点項目とした。以下に、重点とした５項目について紹介し、議論の様子等を紹介する。

なお、意見書の全体については下記よりご確認いただきたい。

https://jccu.coop/info/suggestion/2023/20230529_01.html

（3）５つの重点項目

①食料安定供給の確保に向けた国内農業生産の強化

> 国内外における食料調達リスクがかつてなく高まる中、将来にわたって食料安定供給を確保していくため、国内農業生産をいっそう強化するとともに、輸入の安定化や備蓄の強化に関する施策と適切に組み合わせることが必要であると考えます。
>
> 国内農業生産の強化は、国産農産物の積極的な利用につながるよう、多様化する消費者や実需者のニーズに応じて行われることが必要です。そのためには、品種や生産技術の開発・改良から計画的生産、集荷・保管・出荷、加工、流通、消費に至るバリューチェーン全体での連

携・協力が重要であると考えます。農業者と流通・小売など食品産業の事業者、地方公共団体などの連携強化・支援について、基本法で補強することを求めます。

米は日本で唯一100％自給可能な穀物としてこれからも安定的に生産・供給されるよう、意欲ある担い手への支援を中心に、水田稲作の生産構造を強化していくことを求めます。一方で、食料自給の観点からは、国内需要が高く、輸入依存度の高い小麦・大豆や飼料の国産化も必要です。過去20年間、小麦の単収は大きく向上しておらず、大豆の単収は低下しています。品種や生産技術の開発・改良や、実需者との連携を含め、中長期的な生産目標に基づく一貫性のある政策・制度で、生産力を拡充し、安定生産・安定供給を支援していくことを求めます。

意見書では重点項目の一番目に「食料安定供給の確保に向けた国内農業生産の強化」を挙げた。これは、国際情勢の不安定化や国際経済における日本経済の影響力の低下などから、世界各地から食料を調達してくることができる情勢にはない、したがって国内の食料生産力を強化する必要がある、という認識が背景にある。なお、あえて「食料安全保障」という言葉は使用しなかった。これは、食料安全保障という言葉から想起されるものが曖昧であると考え、政策として実際に求めることを明らかにすべき、という考えからである。消費者としては、将来に渡って安定して食料が供給されることが一番大切であり、現在、そしてこれからの国際情勢を考えるならば、やはり国内で食料の生産を行う力、国内の農業が強くなることが必要である、と考え、このような表現とした。

また、国内の農業生産を強化することを消費者の視点から見ると、今日の多様化したくらしやニーズを踏まえることが必要で、その点についても盛り込んだ。

この中で、米の生産をどう考えるか、については特に様々な議論があった。

米は日本の主食であって、穀物として唯一自給可能な作物であること、また、水田農業は日本の気候風土にも適しており、国土の保全や防災上の観点からも重要であること、などについては合意されている。一方で、食料自給率を考えたときに、飼料の国産化を図ること、国内需要が高く輸入依存度が高い小麦や大豆の国産化が必要、という考えもあった。最終的には、消費者としてはできるだけ食料を国内で生産できるようにしてほしい、という立場から、引き続き水田稲作の生産構造を強化することと、小麦・大豆・飼料の国産化にも一貫した政策で取り組むことを求めることとした。

具体的な政策という点で、生協としては政策の効果性を十分に判断できるものではないが、飼料用米の活用を積極的に進めてきていることや、水田環境の保全などの立場から、基本的には飼料用米の生産と利用が定着することを支持する立場で、そのための有効な政策を求めたい。

②再生産と消費者の食料アクセスに配慮した透明で公正な価格形成

> 食料は、あらゆる人の生命維持や健康で文化的な生活にとって欠かせないものであり、現行基本法の通り、将来にわたって良質な食料が合理的な価格で安定的に供給されることを求めます。また、需給や品質評価を適切に反映できる透明で公正な市場制度や仕組みを強化していくことが必要です。
>
> 高まる生産コストやリスクに対応し、再生産が可能となる条件を整えていくことは重要です。一方、内外価格差が大きい中で、再生産に必要なコストを単純に価格転嫁すれば、かえって国産農産物の支持が低下することも懸念されます。財政支出に基づく生産者への直接支払い等を通じ、国内農業生産の強化や再生産への配慮と、消費者の食料アクセスに配慮した価格とのバランスを図ることを求めます。
>
> 透明で公正な価格形成には、農業・食料関連産業の国内生産額の８割以上を占める食品産業の役割が重要です。生産コストを含む生産現

場の情報の共有化など、フードバリューチェーン全体での農業者や事業者の協力について、基本法で補強することを求めます。

価格の問題も、多く時間を割いて議論をした論点である。単純に考えれば、消費者は安いほうがいいということになるが、一方で、生産コストが上昇していることや、農業者が減少していることは多くの消費者にも理解されてきていると思う。特に、地方の生協の委員からは、身近な地域で耕作放棄地が広がっていることなど、農業をめぐる状況を肌で感じる意見も出された。また特に生協では、産直を通して生産者との対話・協働を進めてきており、その関係からも生産者の置かれている状況について多くの発言があった。したがって、「農業者が生産を継続していくために必要な費用を保証する」という点については生協内で合意をされているし、昨今の農業をめぐる報道などを見ても、消費者全体にもそうした理解が広がっていると考えている。

一方で、消費者の購買力がそれを全て支えられる構造にあるのか、という点も議論になった。生協の供給事業においても、地域や商品ごとに「この金額を超えると利用点数が減る」「組合員であっても、一般のスーパーなどでの販売価格と比べて購入を判断する」という事実があり、「価格が上がれば消費が減る」という問題は避けては通れない。３．の環境配慮のコストも含めて、すべてのコストを価格に転嫁しては、かえって国産農産物が購入されなくなるという点を懸念するものである。

上記のような議論から、価格転嫁のみでの支えではなく、財政支出に基づく生産者への直接支払いなどが重要、と整理することとした。あわせて、価格や財政負担の算定の基礎となる生産や流通にかかわるコストについて、消費者が納得できるよう「透明で公正な価格形成」という言葉を用いた。この言葉は市場取引の場面などで用いられるが、私たちとしても明確に制度等のイメージができているわけではない。少なくとも、生産コストが中長期でどのように動いているのか、生産者として合理化・効率化する努力をどのように行っていて、どこの課題があるのか等については、もっと共有されるべきと考える。

　また、ここからは個人的な意見になるが、例えば、一部の生協の産直で取り入れている数か月先の価格（の範囲）を生産者との話し合いで決めておくしくみなど、現在の市場取引を補完するようなしくみはもっと研究されてもよいのではないかと感じている。

③持続可能な農業・食料システムへの転換

> 　農業の多面的機能という外部経済効果のみならず、温室効果ガス排出や化学農薬・肥料による土壌・河川汚染など、農業がもたらす外部不経済を含めてトータルでとらえ、持続可能な農業・食料システムを追求していくことについて、基本法の理念として明確に位置づけること、モニタリング・情報開示を進めることを求めます。
>
> 　特に「みどりの食料システム戦略」に基づく環境負荷の低減や、国内資源の最大活用による循環型農畜産業の構築、働く人の人権尊重について基本法で補強することを求めます。また、生態系サービスを全体でとらえ、改善していくため、農業政策と畜産・水産・林業政策や、農村・地域政策との連携を高めていくことも必要です。
>
> 　食品産業においては、加工・流通・消費過程での食品ロスの削減や、食品廃棄物の堆肥化・リサイクルループ構築、流通の合理化などを通じた環境負荷低減と、サプライチェーンにおける働く人の人権尊重について、基本法で補強することを求めます。
>
> 　環境や社会に配慮した持続可能な生産のためにかかる追加的コストは、単に価格転嫁によって一部の消費者に負担を求めるだけでなく、その便益が及ぶ社会全体で広く分担する仕組みを強化することを求めます。税や課徴金・補助金、排出権取引、公共調達、認証制度など様々な政策手段を整備・活用していくことが必要です。

３点目に「持続可能な農業・食料システムへの転換」を掲げた。生協は自らも環境問題へのとりくみを重視しており、また産直事業においても、有機農業をはじめ、環境保全型の農業・取り組みを積極的に支援している。そのため、この点については積極的に推進する方向での意見が多く出された。

この際、農業のもつ多面的機能と環境に負荷を与えているいわば外部不経済の両面に目を向ける必要があるのではないか。環境保全型の農業は、農業における環境負荷の認識とセットで成り立つもののはずである。農業における環境負荷が認識され、そのうえで環境に配慮し、その分手間やコストをかけた農業生産をしているという理解が伝わっていけば、そのコスト分をある程度負担しようという人も出てくると考える。この点について、農林水産省の意見交換会などで、農業者の側から「慣行栽培を悪者にすることがないよう」という発言が出されている。ここはとても難しいところで、情報提供やコミュニケーションのあり方、消費者の受け止め等、研究していく必要があると考えている。

また、追加コスト分の全てを環境に配慮された食品・商品を購入する（いわば「意識の高い」）消費者が支えるのではなく、炭素税、課徴金、補助金、排出権取引、公共調達、認証制度など様々な手段を活用して政策的に誘導することが必要であると考えている。そのためにも、農業のもつ環境負荷と環境保全型の農業のもつ負荷低減効果についての「見える化」が必要である。なお、「見える化」はまずは基礎的な数値を活用しやすい形で提供すること、その上で上記に挙げたような政策に生かすことが課題であると考えている。

「見える化」として消費者の商品選択に資する形でのラベリングが検討されていると承知している。試み自体は否定しないが、生協のプライベートブランド商品で取り組んできた「カーボンフットプリント」の経験から、表示を行うための作業負荷やコストに比して消費者の選択への影響については限定的であると考えている。むしろ、排出権取引のような制度での活用や、認証制度と公共調達の組み合わせなど、社会的な広がりをもった施策を検討すべきではないか。

④農村の維持・発展、都市と農村の共生

> 農村は国土の大半を占め、農地や水などの農業資源管理に加え、景観の保全、伝統・文化の継承、水源涵養や気候調整などの生態系サービスの提供に極めて重要な機能を果たしています。農村人口の急速な減少の中で、これらの機能が維持されるために、管理の担い手へ対価が支払われる仕組みを社会全体で運用していくことが重要です。日本型直接支払いや、森林環境税等で実践の進む生態系サービス支払いなどの施策について、基本法で補強することを求めます。
>
> 農村の価値を活かしながら、新たなくらしや産業を発信していくために、地域産業と異業種との連携を進めることが必要と考えます。産官学民連携で農林水産業・食品産業分野のイノベーションを促進するプラットフォームを農村に構築するなど、新たな農村振興策について、基本法で補強することを求めます。また、都市と農村が支え合い、共生できる社会に向けて、農的関係人口の創出や、学校給食等の公共調達を含めた都市と農村の経済循環の構築などをさらに支援していくことを求めます。

この論点は、産直事業を通して生協が大切にしてきたテーマでもあるが、近年では特に地域社会の維持という観点からも、地方の生協を中心に関心の高い点である。基本法検証部会の中では、農業生産者から、水利をはじめとした農村地域の環境や資源の維持が困難になっていることなど、切実な意見が出されていた。

農村環境・機能の維持は、農業のもつ多面的機能と結びついているが、そのことの理解は消費者あるいは都市住民に浸透しているとは言えない。今回生協の意見として、農村の持つ機能維持のため管理の担い手へ対価が支払われる仕組みを社会全体で運用していくことが必要、と提起したが、そのことが社会的な合意となるためには、農地を含めた農村地域の環境のもつ役割・

機能についてわかりやすく説明をすること、また、生態系サービス支払いなどの政策についてはその効果の検証が欠かせない。

日本の人口減少が進む中、農村地域の人口が増えていくことは想定できないが、それを少しでも補う関係人口の創出などは、農村地域としても真剣に検討すべき課題ではないか。基本法検証部会の中で、南会津町の事例が報告されていた。大学やNPO、都市住民などとの様々な連携が地域を支え、活性化している好事例で、地域の皆さんの柔軟な発想や合意形成の力、地元行政の適切なサポートなど、農村地域自身が主体となって動いていることがポイントであると感じた。農村地域の側が、既存の考えや枠組みにとらわれず、様々な地域政策や振興策を有効に活用し、新たなモデルを生み出すためのチャレンジを行うことが必要だと思う。生協など消費者・都市住民にアプローチできる組織がそうした動きにかかわることで、都市と農村の継続的なつながり・交流を生み出していけることを期待したい。

⑤消費者・市民社会の参画、消費者と生産者の相互理解と協力

現行基本法は、国民的視点を取り入れ、農業だけでなく食料や農村、多面的機能を含む総合的な理念を掲げました。その実現に必要な、幅広い事業者や消費者の理解と協力を得るためにも、国の政策や地域計画など、食料・農業・農村にかかわる重要な政策・方針決定の場に、農業者や農業関係団体だけでなく、消費者や若者世代の代表など、多様なステークホルダーが参画できる機会を拡充していくことを求めます。

消費者・市民社会の参画を促進するため、新たな基本法の理念に沿って、長期的な政策目標を明らかにし、分かりやすい目標・指標体系を整理すること、定期的かつ時宜を得たモニタリングと政策評価、情報開示と広報を進めることを求めます。目標数値の検討にあたっては、カロリーベース総合食料自給率だけではなく、重要品目ごとの自

給率目標や、農業生産基盤の構成要素ごとの目標など、事業者・消費者にとっても課題と対策がより分かりやすいものとすることを求めます。

また、学校教育における食育・体験型学習、学校給食での地元農産物や有機・特別栽培農産物の利活用、都市農業の振興などの施策を基本法で補強すべきと考えます。特に、消費者への一方的な発信だけではなく、消費者と生産者の交流と相互理解の機会を拡充していくことを求めます。

生協の立場としては、食料・農業・農村政策に対して消費者・市民社会が参画することは基本的な要求である。基本法検証部会の中でも、食料・農業の問題は農業者だけではなく、それ以上に消費者の問題だということが強調された。「食べる」ことは生活の最も基本となる要素であり、誰もが避けて通れない。「食べる」につながる「食料」の問題はすぐれて消費者の問題であり、さらには食料につながる「農業」の問題も消費者に大きくかかわる問題である（その観点でいうと、水産業も課題になるはずで、「食料・農業・農村基本法」の枠組みではその点にはほとんど触れられないというのは、食料問題を考える上で不十分さを感じるものである）。

消費者・市民が食料・農業・農村に関わる政策を理解し、支持するためには、長期的な政策目標と分かりやすい目標や指標体系の整理が必要である。農業のもつ特徴（自然や風土に根ざしていること、技術の習熟や継承に時間がかかること、多面的機能など）を考えると、長期的な政策目標が社会全体に理解されることが非常に重要であるし、社会やくらしの変化が激しいからこそ、長期的な視野にたった政策を消費者・市民（非農業者）にわかりやすく示すことが大切になってくると思う。その中で、「自給率」については私たちの委員会でも様々に議論があった。最もよく使われる指標は「カロリーベース総合食料自給率」だと思われる。これについては、この指標は消費者の行動と自給率向上の関係が必ずしもストレートにつながらない（国産の牛肉を食べることはカロリーベース総合食料自給率の向上にはつながらない、など）のではないか、もっと消費者の選択や行動が反映される指標が必要、という意見があり、一方で、様々な指標があっても分かりにくい、広く知られている指標であり日本の食と農の現状を表す指標として自給率を用いるのでもよいのではないか、という意見もあった。多様化した食と、日本農業の構造を踏まえるならば、カロリーベース総合自給率を用いつつ、他の指標・目標についても明らかしていくことが、食料・農業・農村政策への理解を広げることにつながるのではないかと考える。

意見では、「消費者と生産者の相互理解」も加えている。これは、特に近年、都市生活者がますます増える中、消費者・市民が農業に触れる機会が少なくなっている現状と、一方で、生協で長年取り組んできた産地交流の実践を踏まえたものである。都市への人口集中は、すでに２世代３世代目に入っており、親族・家族の関係に農業に関わる人がいない、農村地域に行く機会がない、という人たちが多くなっている。消費者が農業や農村に理解を深める機会を作っていくことも食料・農業・農村政策における重要な課題であると考えている。またこの場合、やはり一番多くの人に届く場として、学校の存在は大きいと思う。意見書では、特に学校教育や学校給食での取り組みの推進について補強するよう求めている。学校給食の充実は、基本法検証部会の中で議論された経済的理由によるフードアクセスの問題へのアプローチとしても重要である。

また、意見として「消費者への一方的な発信だけではなく、消費者と生産者の交流と相互理解の機会を拡充していくこと」を掲げている点にも注目いただきたい。私たちは、これまでの様々な消費者・生産者間の取り組みの中で、やはり、消費者と生産者の「相互の」やりとりがお互いの理解を促進し、消費者の側にも生産者の側にもよい変化を生み出していくと考えている。

（4）特に論点となった部分

上記重点項目以外の部分で、特に議論になった点をいくつか紹介したい。

一つ目は、輸出の強化について。消費者の素朴な感想として、「自給率が低いのになぜ輸出をするのか」という意見はよく出される。一方、生協の場合、産直事業を通して意欲的な生産者とのつながりも深く、産業としての農業が魅力あるものになって若い人たちが参入しようと思う農業にするためには輸出の強化も必要ではないか、という意見も出された。このような議論を踏まえ、輸出促進はあくまでも国内農業を強化するための手段であることを明示して、「国内生産基盤強化のための輸出促進、知的財産の管理・活用」という要望項目とした。その上で、「基本法において、国内生産基盤の強化や農業所得向上といった輸出促進の目的を明記するとともに、その目的にどの程度寄与しているのかを定期的に検証することを求めます」とした。

二つ目は、担い手問題である。基本法検証部会でも、農業生産人口の減少が課題であるとして多様な担い手の確保を目指すべき、とする意見と、中期的に見て持続可能な農業生産のためには法人経営を中心とした農業主体の形成こそが必要である、という意見が出されていた。議論が分かれる点であったが、この先を見通すと人口減少社会は避けられないことから、食料の安定供給や農業の持続的な発展のためには、現行基本法にある「効率的かつ安定的な農業経営」を中心とする農業構造を確立することが必要、とし、一方で「効率的かつ安定的な農業経営」が難しい農地や中山間地域においても農地を最大限維持し、有効活用していくために、多様な人材の役割を位置づけ支援する必要がある、とした。これは非常に悩ましいテーマであるが、特に中山間地域をどのように考えるか、は地域政策や国土政策の観点からも深めるべき課題であると感じている。

三つ目は、情報提供のあり方の問題である。今回の私たちの議論では、「農業」や「農業者」のイメージが人や立場によって大きく異なっていた。「農業者」であれば、兼業の小規模農家か農業法人か、農業法人であってもその規模や生産物の違い、農協などの組合組織をイメージする場合など、それぞれに課題と感じる点は異なってくる。「農業」も、稲作かそれ以外か、あるいは酪農や畜産か、平野での農業か中山間地での農業か、など……日本の農業の持つ多様な姿ゆえに、共通の認識を持ちにくく、そのことがこうした議論をするうえでの難しさになると感じた次第である。また、食料・農業・農村に関わる様々なデータ・数値について、どのような点に着目するのか・どの範囲まで知っているのか、が立場によって大きく異なることも感じた。「食料自給率」の議論の紹介でも触れたが、日本の食料や農業をめぐる構造は複雑化しており、単純な数字や指標だけで語ることは難しいと思う。多くの人に関心を持ってもらうためには、わかりやすさももちろん大切だが、そこに留まることなく現状や課題をできるだけ正確に伝える努力を惜しんではならないはずだ。昨今の情勢から食料・農業に関わる問題意識が高まっていることは歓迎すべきで、そのときにイメージや勢いではなく、現状を正確に共有する丁寧な議論が求められると思う。

3．まとめ～食料・農業・農村問題を考える上での課題

今回、食料・農業・農村基本法を検証する、という貴重な機会に参加させていただき、様々な立場の方からのご意見や経験・事例等をお伺いすることができた。また、生協で取り組んできた「産直事業」の意義や課題を見直す機会にもなったと思う。

基本法検証部会の議論では、専門の先生方や様々な実践から食料・農業・農村をめぐる様々な課題を考えることができた。生協の委員会での議論では、必ずしも食料・農業・農村問題を専門とする人たちではないながら、それぞれに食や農業の問題に関心を持ち、活動している人たちによる議論、ということで、基本法検証部会とはまた違う、現状の受け止めや論点があった。

このような議論に参加する中で、当然議論について社会的にどのような受け止めがなされているかに関心ももち、また食料や農業に関わる報道等にもこれまで以上に目が向くようになった。その中で感じるのは、食料・農業・農村に関わる様々な情報が、非常に断片的であったりイメージで語られたりすることが多いということである。私たちの議論でも、「農業」「農業者」

「生産者」「農村」のもつイメージがバラバラで、かつ、それぞれが経験の範囲で理解をしているため、議論がかみ合わないことも多々あった。今回基本法検証部会では多くのデータ・資料が示され、それらは共通の理解を作る上で役立ったと思う。今後広くこの問題を議論していく際に、正確なデータや資料基にした議論が欠かせない。一方で、データはある事象を一面的に切り取ったものであることも多く、その取扱い方には注意が必要であることも感じている。特に政策の評価にあたっては、その数字どのような実態・事実を現わしているのか（または、現わしていないのか）を多面的に検討する必要があると思う。

もう一点は、農業政策と地域政策の連携、あるいは切り分けの必要性である。今回の議論の中で、非常に難しいと感じたことの一つに、担い手の問題と農村地域の問題をどう考えるか、いう点があった。人口減は避けられず、より一層の効率化が必要なこれからの農業において、いわゆる農業の担い手は大規模化・法人化していくことは避けられないと思う。一方で、大規模業者に農地が集約されていく中で、地域の人口が減るということも指摘されたし、「農村地域」においても現代では「農家（農業をやっている人）」はむしろ少数である、というデータも示された。「農村」の問題を考える際には、「農業をどう成り立たせるのか」という議論とともに、「地域をどう成り立たせるのか」という議論も必要だということだと思う。これは、農業政策と地域政策を連携させて考えるべき部分、あるいは局面と、それらを切り分けて考えるべき部分、あるいは局面があるということではないだろうか。今回、基本法検証部会の議論でも「農村」や農業を行っている地域の問題にはそれほど深く入り込まなかったように思う。もとより生協の立場から意見を述べるには荷の重いテーマではあるが、今後の食料・農業を考える上で大切な論点になると感じた次第である。

昨今の情勢から、食料についての関心は高まっていると思う。これを農業や農村の問題とつなげて考える人が増えることがとても大切だということ、そのために様々な場所、場面で議論がされていくことを期待し、また生協としても役割を果たせれば、と考えている。

〔2023年11月28日　記〕

第10章

県単一農協での取り組みからみた基本法見直しの課題

普天間　朝重

1．JAおきなわの概況

（1）県単一JA合併の経緯

JAおきなわは平成14年４月１日に誕生した、全国で奈良県に次いで２番目の県単一JAである。その間に香川県も県単一JAという位置付けであったが、１JAが合併に参加していないことと、連合会が統合していないということで、完全な県単一JAとしてはJAおきなわを２番目としている。沖縄県の合併構想はもともと５JA構想であったが、不良債権を調査してみるとあまりに多額にのぼり、もはや県域で処理することは不可能だとして、県単一JA合併を前提に全国支援を受け入れての合併となった。

（2）合併後の事業・経営の推移

合併直前の貯金量は6,599億円だったが、組合員の合併に対する反発もあり合併初年度の2002年度末残は6,341億円と258億円の減少となった。これは合併時の自己資本比率が6.41％とJAバンクが示す経営健全性の指標８％を下回っていたためレベル１格付の指定を受け、融資規制が課されたからであった。すなわち組合員から見れば「貸してもらえないなら貯金をする意味がない」というものであった。現在では9,000億円を上回っており、組合員数も増加しており一定程度信頼は回復しているものと思われる。

（3）沖縄県の特徴と課題

本県は、南北約400㎞、東西約1,000㎞に及ぶ広大な海域に散在する島嶼（うち有人島47）から構成されている。すなわち本県自体が日本全体から見れば島嶼県であり、かつ県内においても多くの離島を抱えていることが大きな特徴である。

本県の農業も当然そのことに規定され、そこに大きな課題を抱えている。本県の主要農産物はさとうきびと肉用牛であり、2021年現在でさとうきびが農業産出額の21.3％で肉用牛が22.7％、この2品目で44％を占めている。

そしてここが重要なのだが、さとうきびの８割、肉用牛の７割が離島での生産ということだ。したがって、沖縄農業の今後の振興を図るうえでは離島の農業をどう生産拡大していくかということになる。離島は農業で成り立っているから、そこでの農業政策は地域政策と一体となって進めなければならない。それぞれの離島の総面積に占める農地の割合は75％にも上っているか

表 10-1　JA おきなわの組織・事業概況

単位：人、億円

年度	2001（合併直前）	2023	増減
組合員数	117,116	150,376	33,260
正組合員	57,036	44,423	▲12,613
准組合員	60,080	105,953	45,873
常勤役員数	49	41	▲8
理事	49	9	▲40
監事	0	1	1
職員数	2,696	2,618	▲78
正職員	2,043	1,655	▲388
常用的臨時職員	653	963	310
購買事業供給高	412	540	128
生産購買	226	193	▲33
生活購買	186	346	160
販売事業取扱高	444	579	135
貯金残高	6,599	9,449	2,850
貸出金残高	3,226	3,263	37
共済事業・長期共済保有高	17,866	11,908	▲5,958

出所：JA 沖縄の資料による。

表10-2　さとうきび産出額の県内シェア（2021年）

精糖会社（地域名）	シェア%
①ゆがふ精糖（本島）	18.7
②沖縄精糖（宮古）	19.4
③宮古精糖（城辺）	16.2
④宮古精糖（伊良部）	8.1
⑤宮古精糖（多良間）	2.7
⑥石垣島精糖（八重山）	8.2
⑦西表精糖（株）（八重山）	1.0
⑧波照間精糖（株）（八重山）	1.4
⑨久米島精糖	5.9
⑩大東精糖（南大東村）	10.7
⑪北大東精糖	2.9
⑫JA伊是名支店	0.7
⑬JA伊平屋支店	0.6
⑭JA伊江支店 ⑮JA粟国支店 ⑯JA小浜	3.5

出所：「生産農業所得統計」による。

表10-3　肉用牛産出額の県内シェア（2021年）

地域	シェア%
本島（南部）	20
本島（今帰仁）	11
八重山	32
黒島	4
宮古	17
多良間	5
伊江村	6
久米島	5

出所：「生産農業所得統計」による。

らだ。中には90%を超える離島もある。農地減少は長期にわたって続いており、抜本的対策が見当たらない。とはいえ離島は今のうちから何らかの対策を打たないといけない。だからこそ、現在行われている食料・農業・農村基本法（以下「基本法」）の見直しに期待しているのである。

表10-4　離島の農地比率

離島 町村名	総面積 ㎢	農地面積 ㎢	農地比率 %
粟国村	5,732	2,997	52.3
伊平屋村	5,799	3,782	65.2
伊是名村	7,425	5,895	79.4
久米島町	26,011	21,387	82.2
多良間村	**11,345**	**10,440**	**92.0**
伊江村	15,765	10,446	66.3
北大東村	7,060	5,544	78.5
南大東村	**18,191**	**17,235**	**94.7**
渡嘉敷村	2,721	216	7.9
与那国町	11,568	6,542	56.6
離島計	**111,617**	**84,484**	**75.7**
県計	1,036,257	460,459	44.4

注：2017年1月1日現在。
出所：「耕地及び作付面積統計」などによる。

2．食料安全保障と食料・農業

農村基本計画

「現在われわれは悪い時期を通過している。事態はよくなるまでに、おそらく現在より悪くなるだろう。しかしわれわれが忍耐し、我慢しさえすれば、やがてよくなることを、私は全く疑わない」（ウィンストン・チャーチル）。第２次世界大戦という困難な時代に大英帝国を率いた首相チャーチルは、どんな困難な状況にあっても明るい未来を信じることができた。難局を乗り越えるのに必要なのは、現状を冷静に見据えながら、次にやってくる大きなチャンスの波を待つことだ[1)]。

今回の基本法見直しの議論の中では、食料安全保障の在り方、食料の安定供給の確保、農業の持続的発展、農村の振興・活性化、みどりの食料システム戦略による環境負荷軽減に向けた取り組み、担い手の問題、などかなり多岐にわたっているが、ここでは紙面の都合上３点に絞りたい。１点目は、食料安全保障に関して我が国の食料自給率向上に向けた取り組みについて。２点目は、国内農畜産物の適正価格の形成について。３点目は、担い手についてである。

（1）食料安全保障にかかる食料自給率向上への取り組み

1）食料安全保障の背景と基本的考え方

今回の基本法見直しにあたって不測の事態として認識されるのは、ロシアによるウクライナ侵攻という国際紛争。これにより食料だけでなくエネルギーやその他の資材等の値上がりで世界的にインフレが加速したこと、さらに日本ではこうしたことに円安も加わっていろんなものが値上がりした。物価高騰だ。

また、気候変動の問題もある。EUの気象情報機関「コペルニクス気候変動サービス」によれば、今年の７月の世界平均気温が16.95度となり、1940

年からの観測史上、月平均で最高になったと発表している。これは産業革命前と同程度とされる1850～1900年の同月の平均より1.5度高いと指摘しており、地球温暖化防止に向けたパリ協定が定めた今世紀末までの上昇を1.5度以内に抑える目標を念頭に温室効果ガス排出削減のための取り組みが急務だと警告している。

さらに、構造的な問題として中国やインドをはじめとした世界各国の人口増と経済発展がある。特に中国の場合、人口が1960年の６億6000万人から2020年には14億1000万人と、2.4倍に増加している。人口が多いということは、食料の消費量も多いということ。また、中国の経済発展が人口以上のインパクトを与えている。例えば中国人の食肉の消費量が増えていて、1960年代には中国人の一人当たりの年間食肉消費量は５キログラム未満に過ぎなかったわけだが、現在では63キログラムにまで増加している。この消費量を賄うため中国は国内での食肉の生産を増やしてきているが、それだけでは足りずに大量の食肉を輸入するようになっていて、同時に大豆やトウモロコシなど家畜の餌の原料も世界からかき集めている状況にある。

現在の世界の穀物在庫を見ると、2021／22年度末で８億t弱と過去最高水準であり、2008年当時と比べると約２倍になっているわけだが、その穀物在庫の過半数を占めているのは中国だ。インドについても同様なことが起きると考えるべきであり、グローバル・サウスの存在も無視できない。とすれば今後、日本に十分な食料や生産資材が手に入らなくなるという事態も否定できない。しかしながらわが国では、財政上の問題から穀物の備蓄についてさらに減少させるべきとの意見が多くなっているが、それでは首に縄をかけて踏み台から飛ぶようなものだ。

農水省では、「不測時における食料安全保障に関する検討会」を立ち上げ、気候変動や紛争など食料の安定供給を脅かすリスクの高まりを受け、輸入が滞るといった有事に政府全体で意思決定できる体制を整えることを検討しているようである。具体的には、流通制限や増産指示を可能とする法制度を整備するというもので、「食料有事法」の制定だ。スケジュール的には、年内に検討結果をまとめ、2024年の通常国会への法案提出を目指す意向のようだ。

食料が国民にしっかりと行き渡るようにすることが食料安全保障。しかし、日本の食料自給率は38％であり、６割は海外に依存している。食料自給率が下がってきたことについて、どう考えればいいのか。フランス元大統領シャルル・ド・ゴールは、「食料を自給できない国は独立国ではない」とまで言い切っており、米国元大統領ジョージ・W・ブッシュも「君たちは、国民に十分な食料を生産自給できない国を想像できるかい？そんな国は、国際的な圧力をかけられている国だ。危険にさらされている国だ」と食料安保の重要性を説いている。

２）食料自給率低迷の要因

戦後我が国の農政は農業基本法から現在の食料・農業・農村基本法に至るまで主に農業生産の拡大をテーマにしてきたはずだが、食料自給率は一貫して低下している。なぜ食料自給率は向上しないのか。

食料自給率向上についてはイギリスを参考にすべしという意見がある。イギリスでは1966年に45％だった自給率が96年には79％に達し、現在でも概ね70％台を維持している。これに対して我が国では真逆の政策をとっており、さすがに疑問を呈する者も出てきている。つまり、「島国であるイギリスで食料自給率を向上できたのだから、同じ島国である日本が自給率を上げられないのはおかしい。イギリスのやり方を見習うべきだ」ということだ。だが、イギリスはパンが主食で小麦の実需が確実にあり、小麦の生産奨励がそのまま自給率向上につながったが、日本では米が主食であり、米の生産奨励に力を入れて生産量を増やせば数字上の自給率を上げることはできるが、米の消費が急速に落ち込んでいる中では米の余剰に拍車をかけるだけだ[2)]。そうであれば輸出で対応すればいいという意見もあるが、2008年に食料危機が生じ、世界的に食料輸出国が輸出規制を行ったときに我が国の総理大臣が同年6月にローマで開催された世界食糧サミットで各国に食料の輸出規制を撤廃するよう求めたが、各国では「自国民が優先である」として相手にされなかった[3)]。

そういう苦い経験があるにもかかわらず、「いざとなったら輸出を国内に振り向ければいい」というのは勝手すぎないか。そうではなく、むしろこの経験を生かすべきだった。その時に食料自給率向上対策を議論していたならばもっと違った政策が打てたはずだ。しかし、現実は全く逆で、世界的な天候不順は収まり各国とも生産力が回復し、輸出規制も撤廃したことから、相場は落ち着きを取り戻した。元の水準に戻ったのだ。このことから、しばらくは自動操縦に切り替えて放っておいても大丈夫だと思い込んでしまった。そうした中で世界的にTPPに見られるように農畜産物の輸入自由化がさらに加速することになり、食料自給率38％の日本もこれに参加した―しかも積極的に。TPPにより農畜産物は世界から大量に輸入されることになるが、今度はロシアのウクライナ侵攻をはじめとする様々な要因で食料安保が叫ばれ、食料自給率向上を図ろうと動き始め、政府内では基本法を見直すとともに、農業団体では輸入品を国産に切り換えようと消費者に訴える（国消国産運動）。あわてて自動操縦を解除して手動に切り替えたわけだが、残念ながらこんな考え方では一巻の終わりを告げる鐘が鳴るのもそう遠くない。

（2）適正な価格形成の実現は可能か

1）現実の動き

今回の基本法見直し論議の中で国内農畜産物の価格について、コストの上昇を反映した適切な価格形成と言うことがクローズアップされているが、現実は全く逆の動きをしている。子牛の生産現場では、飼料価格が高騰しているのに子牛の価格は急落していて、青果物についても肥料価格が高騰しているのに販売価格は横ばいで推移している。それは多くの取引がセリ市場を通して価格が決まるので、コストの上昇とは関係なく、需給によって価格が形成されるからだ。

同じ食料品でも輸入品を原料とする加工食品については相次いで値上げしているが、それは保存がきくからだ。値上げして需要の動向を見ながら製造と在庫を調整していけばいいのだが、国内産の農畜産物では子牛は生後12か月以内という基準があり、青果物についても生鮮品だけに収穫したら直ちに販売しなければならないという販売側の弱みがある。こうした中で、どうしたら価格転嫁ができるのか。

2023年7月21日、JA徳島中央会が当時の野村農相に、農畜産物の生産コスト上昇分の適正な価格転嫁を求める嘆願書を手渡したが、その中で野村農相は、「農家の皆さんの（価格転嫁への）要望は非常に強いと、身近にひしひしと感じていた」と述べたうえで、「具体的にどうするかとなると難しさがある」と適正価格形成の実現が簡単ではないことを暗に示唆している[4)]。

2）消費の動向

適正な価格形成では当然のことながら消費者の理解が必要だ。やり方を誤れば国産の高価格食品よりもむしろ輸入品に走りかねない。これではJAグループが進める「国消国産運動」も成り立たない。慎重に対応しなければならない。元農林水産事務次官の末松広行氏は著書『日本の食料安全保障』で「世界が食料危機だと問題視されるときに起きることとして、食料の輸出国が行う輸出規制がある。2007年から2008年前半にかけて、干ばつや原油価格上昇により、世界の主要穀物が不足して価格が軒並み急騰した。（中略）消費者団体の方々との勉強会が開催されたことがあり、筆者は“日本は穀物を主に米国、カナダ、オーストラリアから輸入しているので大した問題はない”と話した。だから“量だけは確保できるから日本人が飢えることはない”という意味で話したのだが、出席者から“スーパーでは小麦粉を使った製品などを中心に、すごく値上がりしています。大豆製品も上がっているし、いろいろなものが値上がりしています。家計的には大問題です。とても大丈夫と安心していられません。大きな影響を受けているたくさんの家庭があることを知っているのですか”というのだ。量は確保できても、価格が上がれば家計には大きな影響が生じる。これが危機であることは間違いない。食料の安全保障を考えるとき、量さえ確保できれば安心というわけではなく、価格も重要な要素になることに改めて気づかされた。」[5)]と述べている。

沖縄県でも卵の取引においてスーパーと価格交渉をしたら、取引を打ち切られたケースがある。改めて生産者団体とスーパーのトップ同士の交渉で何とか取引を再開できたものの、スーパーでは卵の特売をすると億円単位で赤字が出るという主張をしており、生産者側の要求を満たすことは実際にはかなり厳しいとの指摘を受けた。

とはいえ、日本の農業はこのままでは生産コストの高止まりを受けて離農が相次ぎ、生産基盤の弱体化が進んでしまう。しかしながら、国内の農畜産物価格について、コストの増加を反映した価格にするとかなり高い値段になってしまう。そうした場合に、消費者が理解を示してくれるのだろうか。消費者の立場で言うと、安全で高品質なものを購入できるのは当たりまえ、農産物の生産過程と必要なコストには関心がなく、関心があるのは値段だけ、という状態になっていないだろうか。ましてや食料品をはじめ物価が高騰している今の状況下では家計は大変だと思う。実際、この１年ほどの食品価格の上昇を受けて本年６月の家計の食料支出は3.9％減少していて、これは９か月連続の減少となっている。消費者が家計の防衛に走っている。

一般的に可処分所得と家計消費は連動していて、可処分所得が伸びると家計消費も伸びる傾向にある。日本では、他の先進国と比較して可処分所得の伸び悩みが家計消費の伸び悩みの要因となっている。日本の企業に共通する特徴として、企業は利益を生み出しているが、これが人件費や設備投資に回らず、内部留保として企業内に蓄積されている。最近は賃上げの動きがあるが、食料品を中心に全般的に物価が高騰しているので実質賃金はマイナスの状態にある。ましてや住民税非課税世帯が３割弱いるような状況では、家計のやりくりも大変で、国内農畜産物の価格の引き上げにはかなりの抵抗感があるものと推察される。

適正な価格形成についてはフランスのエガリム法を参考にしてはどうか、という指摘もあるが、エガリム法は2018年に制定されるが、うまく機能せずに、2022年にエガリムⅡ法が制定される。それだけこの問題は必要性を理解できても実際に行おうとするといくつもの高いハードルがあるのだろう。

（3）担い手の問題

1）担い手の定義

現行基本法の制定直後の2000年に240万人いた基幹的農業従事者は、22年に123万人に半減していて、農水省では今後20年間でさらに30万人にまで激減するという見通しを立てている。農業人口が大きく減少する中で農地をどう維持・拡大していくのかが重要な課題だ。そのために耕作放棄地の解消が急がれるわけだが、この４月に施行した「改正農業経営基盤強化促進法」では、25年３月までの２年間に地域計画の策定を全市町村に求めていて、地域において農地一筆ごとに10年後の担い手を目標地図に落とし込んで、耕作放棄地を解消するとともに農地の集約を促すとしている。

今回の基本法見直しの論議の中で、担い手をどう定義していくのかの問題がある。政府としては一定の規模以上の農家を担い手に位置付けたいとの認識があると思うが、JAグループからはそうではなくて多様な担い手、つまり小規模農家や半農半Xの方々も担い手に位置付けるべきであるという提言がなされ、ほぼ認められることになっている。

農水省では2013年に「2023年までの10年間で担い手の農地利用が全農地の８割を占める農業構造の実現」を目指すとしていたが、集積率は22年で59.5%であり、もはや目標の達成は難しくなっている状況だ。その原因を令和４年度の農業白書では「地形的条件の不利な中山間地域の農地等において担い手による農地の引き受けが進んでいないためと考えられる」としているが、それは目標設定時にすでに分かっていたことであって、それでも集積率を８割に設定したこと自体に無理があったのではないではないか。

そもそもこの問題は10年で農家所得を２倍にするという目標からきているのではないか。当時どうやって２倍にするのかという議論の中で農業産出額を維持するという前提で農家数が半減すれば１人当たりの農家所得は倍増するという理屈だ。このことについて、2014年発刊の農政ジャーナリストの会編『日本農業の動き』で「できるか、農業の所得倍増」をテーマにして村田泰夫氏が自民党農林部会長の小里泰弘氏のインタビューで赤裸々に記述している。その中で小里氏は「担い手の数は10年の中に３分の１から４分の１に激減してしまう。そこで、青年就農交付金など手厚い助成策で若い新規就農者を呼び込み、なんとか現在の基幹的農業従事者の２分の１にとどまるように確保する。その場合、農業の生産水準を下げずに現状を維持していれば、担い手の所得は倍増する。」としている。これに対し村田氏は「担い手の数が半減すれば所得が倍増する、というのでは“なーんだ”と受け止められても仕方があるまい。当事者である農業者が、その説明で納得するだろうか。」と疑問を呈している。そのとおり、だれも納得しないだろう。問題は農業産出額をどうやって維持するのかということだが、半減する農家の農地を担い手に集積すれば耕地面積は減少しないのだから農業産出額は維持されるということであろう。それが担い手への８割の集積の根拠である。すなわち当時の集積率が４割程度だったので農家が半減するということであればこれを担い手に集積する数字としては倍の８割という数字が出てくる。逆算である。そんな単純な図式でいいのだろうか。日本には多くの中山間地があり離島がある。こうした地域の農家が離農したからと言って担い手に農地を集積することが可能だろうか。無理だろう。担い手が離島まで出向いて規模拡大するはずがない（例外はあるかもしれないが）。そうであれば担い手への農地の集積は現在の60％がそんなもんだろうと思われる。この担い手への８割の集積目標は基本法見直し後も引き継がれるのであろうが、問題の根は何かをもっと深く考える必要があるのではないか。そのうえで雑草を根絶やしにすべきである。うわべの問題解決ばかり考えていても、後々草むしりが大変なだけである。

今後の農家の減少による農地の問題は借り手不在の状況になり、耕作放棄地が拡大することになるのではないか。そうであれば中山間地域や離島における耕作放棄地については、再生可能な農地については行政が先頭に立ってこれを再利用可能な状態に持っていき、地域において住居の建設や雇用の場を創出することによって移住者を招き入れる施策が必要ではないのか。実際、南大東村の農家に話を聞くと、「村には低所得者用の村営住宅があり、若い農業後継者が住んでいます。農業所得が上がると家賃も上がりますが、上り幅が大きく農業従事努力が報われません。さらに、空き家もなく、新たに住宅を建設するにしても沖縄本島の建設単価の3.5倍です。仕事はあっても住む家がないのです。この現状ではだれも自宅を村内に建築しようとはせず、島の人口減にしか繋がりません。よって、行政の責任で『定住社会』を構築してほしい」というものだ。規模拡大というよりは地域の維持に向けた具体的な対策が必要なのである。

2）耕作放棄地解消の取り組み

耕作放棄地の解消策については今後の日本農業の重要なテーマだ。農水省によると、耕作放棄地の面積は2008年が28万ha。このうち利用できる農地は15万ha、再生利用が困難な農地は13万haと推計していたが、20年になると耕作放棄地28万haのうち再生可能な農地は９万ha、再生利用困難な農地は19万haと悪化している。前者では希望的観測が含まれており、後者はより現実的な推計になっていると解釈すべきであろう。であれば現在市町村で進めている地域計画や目標地図の策定もかなり難しい状況にあると考えるのが自然だろう。

大規模経営への農地集積は一定程度進んでいて、構造再編は進んでは来ているものの、問題は農地面積を減らしながらの構造再編という点にある。つまり、リタイアする農家の供給する農地を受け手となるべき担い手が受け切れていないのではないか。供給された農地を担い手が受け入れ切れないとすれば、農家が減っても農地の賃貸借が増える構造にはなっていないので、担い手への農地集積という構造改革路線は行き詰まりを見せているのではないか[6)]。我が国では多くの中山間地域や離島を抱えているが、そうした地域では「専ら農業を営むもの」に限定せずに、とにかく農地を耕して農村を支えてくれる者を求めている。沖縄県の離島がまさにそういう状況だ。つまり、そうした地域では担い手への農地集積などより地域社会の維持・振興の方がはるかに重要な課題になっていて、一人でも多くの移住者に多業型兼業で生計を成り立たせて定着してもらいたいというのが現実的な期待であり、その形態の１つが半農半Xだ。

現行の基本法でも理念として「産業政策と地域政策は車の両輪である」として単に農業生産の拡大だけでなく、それを支える地域政策の重要性も認識しているわけだが、こういう状況を踏まえれば、今後の日本農業を支える担い手としては、農業政策としての大型農家だけでなく、地域政策としての多様な担い手の力が必要になってくるのではないか。

我が国には多くの中山間地域が存在する。農業は、伝統的な集落において形成されてきたが、現在では高齢化が進むにつれて集落が崩壊し、農業（経営）自体の存続が非常に難しい状況に追い込まれている。地方における若年層の後継者不足が要因であるが、収入に結び付く農業、雇用の場が極めて脆弱なのである。

中山間地域と同様に、もう一つ耕作条件の不利な地域がある。それは離島地域である。日本は島嶼によって成り立っている地域であるが、これまで離島は、農業問題に関して表舞台に登場することがなく、まして耕作放棄地の問題について語られることは極端に少なかった地域である。しかし現在では、全国民にとって離島の生活の非日常性について、「憧れ」や「心の癒し」を求めるような人々の注目を集める地域として見られる存在になってきている。

離島地域が中山間地域と異なるのは、経済状況の変化や過疎化が起こった場合、挙家離村（集団離村）によって地域全体が一挙に崩壊してしまうことである。離島は他地域と遮断された地理的な問題があり、一旦崩壊した地域を再建することは不可能に近いものと考えられる。実際我が国において人口が増加しているのは東京都と沖縄だけということだが、沖縄においても人口が増加しているのはほぼ本島であって離島は人口が減少しているのである。

したがって、離島地域での耕作放棄地発生の問題は、地域全体が脆弱化して最終的に消滅（無人島化）を招きかねない危険なシグナルなのである。離島の耕作放棄地問題は農業問題に限らず、地域問題としての構造を抱える問題である。本来の土地所有者がはるか以前に島から去ってしまい、土地問題の話し合いについて、所有者が不明であるため難しい現実に直面している。

このような点から、土地所有制度の中で集団的所有についての議論がある。一時的に農地などについて所有権を棚上げにすること、所有形態を共有・合有・総有などの集団的所有形態の導入を行うことなどである。全国的に、所有者不在の土地などの問題が議論されている今日では、一定有効な方法と考えられる。

すなわち、農業という地域で広大な農地を利用して成り立っている産業が作り出す景観が、地域への貢献をしていることを自覚すべきであろう。荒れ果てた耕作放棄地では景観としての価値が棄損されるのである。これまで農地は収益を高めることに重点が置かれ、収益性の高いパインアップルとさとうきびが地域農業に貢献を果たしてきた。これからは農業の多面的機能として、農地が生み出す景観が地域に恩恵を与えてくれるものと認識する必要がある。それにより流動する来訪者ではなく定住する人口の増加も考えられるのである。

耕作放棄地の解消は担い手対策である。地域住民、行政機関ももう一度、農業景観に関して新たな認識を持つ必要があるだろう。農地を守っていくことは地域の総合的な課題を達成しなければならないことである。全国的にもアグリパーク構想や農業公園が各地域に作られている。離島地域で実践するためにも地域資源として農地の保全措置を考えなければならないだろう。観光業にとっても農業によって維持されている地域景観が、観光業にとってプラスの作用を与えていることをすべての地域住民が認識すべきである。

現在沖縄県では耕作放棄地の解消に取り組んでいる。2023年４月から施行された「改正農業経営基盤強化促進法」に基づいて地域計画の策定と目標地図の作成が義務付けられたことを追い風にこの際、徹底的に耕作放棄地を解消しようとするものである。その場合、解消後の作目の選定をどうするのかということと担い手をどう確保していくのかの問題がある。これまでこの両方の議論は全くリンクしていなかったが、今後は、セットで議論を進める必要がある。同時に、耕作放棄地を再利用可能な農地にするための諸経費に対する支援や農作業受託組織の育成なども必要となろう。

また、地区計画や目標地図の策定については青壮年部からは市町村を超えた農地賃貸借を検討してほしいとの要望を受けている。それは交通の利便性や青壮年部仲間との連携などにより他地域での農地借り入れのニーズがあるということであろう。何にせよ農家からそういう要望があるのであればそれに応えていきたい。実際、元農水省事務次官で農地行政にも明るい奥原正明氏も「話し合いには、地域内の農業者以外の者、例えば、新規就農を希望するもの・個人・法人・企業や他地域の農業者等が参加できるように配慮していくことも重要である。特に地域内に将来の担い手が十分にいない場合には、これは必須である」と強調したうえで、「今回の法改正を全体としてみた時、農地制度の歴史を正確に認識し、農地バンクの戦略的考え方をきちんと継承し発展させようとしたとは思えない。したがって、この法改正を、農地集積・集約化システムを前向きに調整したものと評価することはできない。」と厳しく指摘し、さらに「この法改正で、それが円滑に動くようになるかというと、むしろ逆で、うまく機能しなくなる可能性が高いように思われる。」と疑念を呈している7)。

3）JAの取り組み

さらに心配されるのは人手不足である。沖縄県では（全国でもそうだが）人手不足で海外からの研修制度を活用して農業現場に派遣しているが、コロナ禍で世界的に人の移動が制限されたことから、海外研修生が来日できず、農家はやむなく規模を縮小してしのいだという実態がある。これまで海外研修生を雇用するという前提で規模拡大を進めてきた担い手において、パンデミックによる国際的な人の移動が制限されるリスクがあるということを目の当たりにして、今後の規模拡大に踏み切れるかが不安視される。このことは、農地賃貸借における借り手農家が現れ、農地の集積・集約が進展するかどうかに関わってくる問題だ。

JAおきなわでは離島に６つの製糖工場があり、家畜市場も６つある。製糖工場の安定操業のためには最低限のさとうきび原料が必要なことから、実験的に与那国町でJAが地主から作業委託を受ける形式で自らさとうきび生産を行ったことがある。それにより3,900tだった生産量が6,000tを超えるまでに増産した。この成功体験をもとにJAでは農業経営規程を変更して製糖工場のある離島においてJA自らさとうきび生産ができるようにした。担い手の確保という最善のものを期待する一方で、離農の増加という最悪の事態にも備えておかなければならないからだ。

また、家畜市場の安定運営のためには、そして肥育農家の期待に応えていくためには全国４位の繁殖牛産地の責任として増頭運動に取り組む必要がある。そのためにJAおきなわでは離島の伊江島に畜産総合施設を立ち上げた。いわゆるキャトルセンターだ。役場が建設して、JAが指定管理を行う方式であり、今後の増頭運動の先行事例になるものと大いに期待している。

農業だけでなく地域をどう活性化していくのかについてはJAグループも同様の認識がある。JAでは信用・共済・経済事業の総合事業を通じて地域を支えていて、さらに学校給食への対応や子供たちへの食農教育、買い物弱者への対応としての移動購買車の運行など、多様な地域貢献活動を通して地域を支えている。そこに協同組合としての社会的存在意義がある。

JAでは、離島において支店をはじめとして多くの施設を展開している。製糖工場、家畜市場、肥育センター、畜産総合施設などの農業施設はもとより、生活店舗、Aコープ、ガス購買施設、SSなどの生活資材提供施設などである。特に、支店においては毎年定年退職者が出るたびに本島から多くの職員を派遣しているが、ここにきて職員の宿泊施設が足りなくなってきている。自前で職員宿舎を建設しようにも多額の資金を要する。やむなくJAではコンテナを住居用に改装して対応した。

こうした中にあって離島地域においては依然として人口減少に歯止めがかからず、JA施設の利用も減少し、採算が合わない状況が続いている。とはいえ、離島のライフラインとしての役割を担っているJAが地域から撤退することはできず、かといって小規模地域であるがゆえに黒字化する目途もたたないのが実態である。行政にしろJAにしろこのまま手をこまねいていると離島の人口減少はますます進み、JAにおいても離島の支店や施設を維持することが困難な状況となることは確実だ。今こそ国や県、市町村、JAなどの一体となった連携が必要である。

4）基本法見直しへの期待と不安

今回の基本法の見直しには大きな期待が寄せられる一方で、不安もある。そもそも各施策について実現可能かという問題である。政府では今回の基本法見直しについて、昨年12月に「食料安全保障強化政策大綱」を取りまとめ、本年６月には「基本法改正に向けた食料・農業・農村政策の新たな展開方向」を提示し、来年４月には基本法改正と併せて「食料有事法」を制定するとしている。いろんなものが矢継ぎ早に打ち出されることで、かえって基本法見直しの方向性がわかりにくくなっている。

そもそも今回の見直し論議にあっては、従来の基本法と現行の基本法がなぜ期待された成果を収められなかったのか、今回の見直し・改正は従来の基本法とどこが違うのか、今度こそは食料自給率を高められるという根拠は何なのか、依然として担い手への農地集積を進めるのか（集積率８割にこだわるのか）などが見えていない。こうしたことがほとんど議論されないまま、単に情勢が大きく変わったということで見直しが提起されているにすぎない、ということではないか。そこに不安がある。というのも、こうした一連の動きが日銀の異次元金融緩和策に酷似しているからだ。日銀は30年にも及ぶ我が国のデフレ経済に終止符を打つために黒田日銀総裁が就任早々異次元緩和を打ち出す。2013年のことだ。ここで黒田総裁は「物価目標を２％に設定し、２年程度で実現する」と公約し、その中で「今回の緩和策において政策の逐次投入はしない」と公言した。逐次投入は第２次世界大戦で日本軍がガダルカナル島で米軍と戦った作戦で兵士を３度に分散して投入したことが敗因だったからである。しかし、黒田総裁の一連の金融政策は「黒田バズーカ」

と評され、金融市場を大きく揺るがしたのであるが、これは逐次投入ではないのか。２年で達成するとしていた物価目標が10年たっても実現できていないというのはなぜなのだろうか。少なくとも金融機関は利ザヤの縮小で収益が悪化し、農林中央金庫では信連や県単一JAの奨励金を減額したため、県域レベルでも大きな収益減となった。JAおきなわではやむを得ず収益確保のため店舗統廃合と要員削減を行い、この苦境を乗り切ろうと必死である。食料自給率向上や農畜産物の適正価格の形成は本当に可能なのだろうか。ガダルカナル島の戦いや黒田前日銀総裁の失敗を学習したのか。

とはいえ、食料をめぐる世界情勢が大きく変化する中で、我が国農業が大きな転換点に来ていることは確かである。であれば、いくらかの不安はあるにしても、とにかく前進しなければならない。

注

１）2013年９月『明日が変わる座右の言葉全書』話題の達人倶楽部編。
２）2023年４月『日本の食料安全保障』末松広行（元農水省事務次官）。
３）2009年９月『食料自給率100％を目指さない国に未来はない』島崎治道。
４）2023年７月22日、日本農業新聞。
５）2023年４月『日本の食料安全保障』末松広行（元農水省事務次官）。
６）2023年３月『日本農業年報68　食料安保とみどり戦略を食い込んだ基本法改正へ―正念場を迎えた日本農政への提言―』谷口信和編著（第２章安藤光義）。
７）2022年９月『戦後農地制度史―農地改革から農地バンク法まで』奥原正明（元農水省事務次官）。

〔2023年10月24日　記〕

（付記）　本稿は沖縄の農業と農協の発展に貢献されてこられた普天間朝重氏が渾身の力を振り絞って、基本法見直しの課題について執筆された原稿です。2023年12月17日に逝去されたため、校正は執筆依頼をした谷口信和が行いました。そうした事情については谷口信和「普天間朝重さんを悼んで」『農業協同組合新聞』2023年12月20日号、６面に記しました。改めてこの場を借りて、謹んでご冥福をお祈りいたします。

第11章

水田農業の位置づけをめぐって
—飼料用米振興の視点から—

信岡　誠治

1．はじめに

一般社団法人　日本飼料用米振興協会（海老沢恵子理事長・東京都）は、前身の「超多収穫米普及連絡会（任意団体）」のスタート時（2006年）から、消費者主導型で17年間にわたり「日本の食料自給率向上は、減反水田に耕畜連携による超多収性飼料用米を作付けすることが、飼料自給率や食料自給率の大幅な向上のカギになる」としてシンポジウムや意見交換会などを軸として自弁で地道な活動を展開してきている団体である。

水田と水田農業がわが国農業の基盤であるという信念で活動してきて、飼料用米の2022年産は基本計画の生産目標である70万tを大きく上回る80万tの生産量を達成、2023年産も約72万tの生産量を達成し大きく前進をしているが、基本法見直しの議論の中ではほとんど触れられることもなくスルーされてきている。政策的にはむしろ、増えすぎたのでブレーキをかけるということで、飼料用米に対しては交付要件の強化による交付金の削減など向かい風が吹いてきているのが現状である。

そこで、本稿では水田農業の位置づけが基本法の見直しの中で大きく変わろうとしていること、他方で輸入飼料穀物依存型のわが国畜産のビジネスモデルが輸入穀物価格高騰で大きく揺らいで存亡の危機に瀕していること、基本法改正の最大の焦点となっている食料安全保障体制の法制化は戦時の統制経済の復活を想起させるもので、根本的な食料自給率の向上には結びついていないことなどの問題点を明らかにしていくこととする。

図10-1　飼料用米の作付面積と生産量の推移

2．基本法の見直し方向として水田の畑地化が登場

政府は食料・農業・農村基本法の見直しのなかで、食料安全保障の強化とともに農業施策の見直し方向として「需要に応じた生産」の方向を打ち出している。具体的な施策の方向は、「国産農産物に対する消費者ニーズが堅調であることから、輸入品から国産への転換が求められる小麦、大豆、加工・業務用野菜、飼料作物等について、水田の畑地化・汎用化を行うなど、総合的な推進を通じて、国内生産の増大を積極的かつ効率的に図っていく。また、米粉用米、業務用米等の加工や外食等において需要の高まりが今後も見込まれる作物についても、積極的かつ効率的に生産拡大及びその定着を図っていく」というものである。

図10-2　畑地化促進事業事業イメージ

<事業イメージ>

畑地化支援・定着促進支援

	1 畑地化支援（令和6年産単価）	2 定着促進支援（令和6年産単価）
ア．高収益作物（野菜、果樹、花き等）	14.0万円※/10a（※ 令和5年産に採択された者は17.5万円/10a）	・2.0（3.0※）万円/10a ×5年間 または ・10.0（15.0※）万円/10a（一括） （※ 加工・業務用野菜等の場合）
イ．畑作物（麦、大豆、飼料作物（牧草等）、子実用とうもろこし、そば等）	14.0万円/10a	・2.0万円/10a×5年間 または ・10.0万円/10a（一括）

産地づくり体制構築等支援

① 産地づくりに向けた体制構築支援

畑作物の産地づくりに取り組む地域を対象に、団地化やブロックローテーションの体制構築等のための調整（現地確認や打合せなど※）に要する経費を支援
（定額（1協議会当たり上限300万円））

※　畑地化（交付対象水田からの除外）に際しては、借地の場合には、賃借人（耕作者）が土地所有者の理解を得ることが必要。地域再生協議会において、土地所有者を含めた地域の関係者に対する理解の醸成等の取組を進めていくことが重要。

② 土地改良区決済金等支援

令和5年度または6年度に畑地化に取り組むことを約束した農業者に対して、畑地化に伴い土地改良区に支払う必要が生じた場合に、土地改良区の地区除外決済金等を支援（定額（上限25万円/10a））

基本法見直しの柱のひとつとして、水田の畑地化が正面に登場してきたのには驚かされた。本気なのであろうか？政府はこれまでは水田の汎用化は推進してきた。今度は水田を畑地にする施策に正面から取り組むとしており、水田を守ることを否定するような施策に現場は困惑しているのが実態である。

水田を水田でなくして畑地にするとはどういうことかを冷静に見てみると、法的には「田」から「畑」に地目変換することである。外形的には水田の周囲の畦畔を撤去し水が貯められないようにすることである。さらには、水田の土壌下部構造である硬盤層は崩して水が貯められないようにすることである。そして今後の圃場の基盤整備は畑地化に向けて進めるということである。

結果、この施策はこれまでの水田地帯に張り巡らされた水系を遮断する恐れがでてくるほか、水害などの防災機能や水生生物など生態系や環境に与える影響も大きい。水田でなくすことの手切れ金（畑地化支援14万円/10a＋定着促進支援10万円/10a）をばらまいて畑地化を進めることは将来に大きな禍根を残すことは必至で水系を軸とした地域の和を壊す恐れも出てきている。このため、先祖代々から受け継いできた水田を畑にすることについては農家の抵抗が相当あることが予想される。

なお、この畑地化促進事業は2024年度の目玉事業としてとして2024年度予算案には乗っていたが、急きょ2023年度の補正予算に移され750億円が計上された。2023年11月には補正予算が国会を通過し成立したことから2023年度からのスタートとなった。また、本事業を加速するため産地づくり体制構築等支援事業として、畑地化に際して地権者や関係者の理解を醸成する取り組みを進めるため地域再生協議会に300万円、畑地化に伴い水利費等の支払いが不用となるため土地改良区の地区除外決済金（25万円/10a）を交付するソフト事業も措置されている。

なぜ、このような施策を強行するのか？これで本当に食料自給率が向上し食料の安全保障が確立できるのか？だれの発案で事業化されたのか？実現可能性（フィージビリティ）を充分検討せずに、新規施策が一人歩きしているのではないか？疑念は尽きない。

確かに畜産生産者のなかには安定調達ができるなら子実用トウモロコシを使いたいと期待を寄せている人もいる。しかし、子実用トウモロコシが本当に日本の水田を軸とした気候風土に適しているのか疑念を持っている人も多いのが実情である。

子実用トウモロコシを最初に日本に導入して北海道で試験的に始めたのは総合商社のM社である。しかし、１年試験的にやってフィージビリティがなく採算が取れないと分かって撤退したという経緯がある。それをホクレンが引き継いで、北海道の十勝地方の畑作地帯のビート、麦、ジャガイモなど輪作体系の中に子実用トウモロコシを導入して再スタート、最近になって単収も向上し何とか格好が付くようになったというのが本当のところである。

2022年産の子実用トウモロコシの作付面積1,570haのうち北海道は970haで約６割を占めている。しかし、全国の生産量は9,342t、全国の平均単収は

593kgで、アメリカのトウモロコシ平均単収1,110kg/10aと比べると半分程度に過ぎない。2023年産の子実用トウモロコシの作付け面積は2,324haでうち北海道が1,400haで6割を占めていると伝えられており、いずれにせよ主産地は北海道の畑作地帯であるのが現状である。

子実用トウモロコシが水田でできないかということで、都府県の水田地帯での子実用トウモロコシの実証試験は2016年頃から全国各地で進められてきた。しかし、単収は0kg/10a～800kg/10a台まで格差が大きいのが実態で、単収自体も年によって豊凶の落差が大きく不安定であった。

それは当然のことで、トウモロコシは大雨が降って水に浸かると収穫ゼロとなることが多い。たまたま天候に恵まれ単収が一番良かった事例を元にフィージビリティがあるとして強引に表舞台に乗せたのはどうしてなのか？

目先を変えれば新しい取り組みとして予算が取りやすいからだという理由ぐらいしか考えられない。水田土壌は粘土質であり水はけなどの土壌条件は良くない。雨が降れば当然であるが湿害などで収量は不安定となる。子実用トウモロコシの作付けを水田で拡大しても本当に自給率向上や食料安全保障につながるのかは疑問である。

本当に子実用トウモロコシを安定多収ができる畑にするには、土壌そのものを水はけの良い土壌に入れ替える、完全に水系から遮断するなど抜本的な基盤整備が不可欠で莫大な財政負担となることは目に見えている。結果としてこれは農政の最大の失策になるのではないか。

3．輸入飼料穀物高騰で供給が足りない飼料用米

（1）深刻化する畜産危機

マスコミなどでは酪農危機が大きく伝えられている。これは飼料価格の高騰で生乳など畜産物の生産コストが大幅に上昇してきたにもかかわらず価格の引き上げが思うようにできなくて、大半の酪農経営が赤字経営を余儀なくされており、倒産や廃業が相次いでいるためである。

図10-3　輸入トウモロコシ価格（CIF）の推移

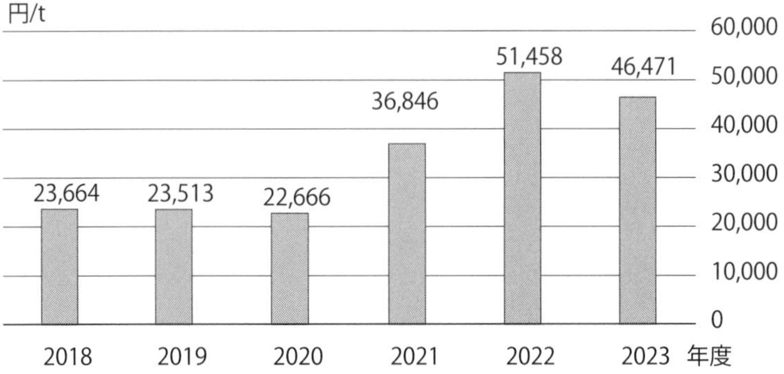

円/t

年度	2018	2019	2020	2021	2022	2023
円/t	23,664	23,513	22,666	36,846	51,458	46,471

注：2023年度は4~10月の価格である。
https://www.alic.go.jp/joho-c/joho05_000073.html

しかしこれは、酪農以外の肉用牛、養豚、採卵鶏、ブロイラーでも同様である。生産コストの大幅な上昇を価格転嫁できなかった経営の決算書をみるととんでもない赤字で、大規模、小規模経営を問わずすでに法的手続きに移行している経営が珍しくなくなっている。

最大の要因は、国際的な穀物価格の高騰により輸入しているトウモロコシなど飼料原料穀物価格が高騰し、配合飼料価格が大幅に値上げされ、高止まりの状況が続いているためである。政府は配合飼料価格高騰に対処するため特別対策を行っているが、財源が枯渇してきていることから赤字の出血が止まらない経営が多いのが実情である。

他方で、配合飼料を有利な価格で調達でき、コスト上昇分を販売価格に転嫁できた経営は、黒字で良好な決算であるが、海外の穀物市況や為替相場（円安）に振り回され、中長期の展望が描けない経営が本当に生き残れるのか、サステイナブルな経営を構築するにはどうするべきかが共通の課題で、とくに、ウクライナへのロシアの軍事侵攻による穀物の供給減、異常気象の頻発による不作懸念などが重なってきて先行きを見通せないのは経営者の最大の悩みとなっている。

（2）輸入トウモロコシ価格は２倍に高騰・高止まり

そこで最近の輸入飼料穀物の価格動向を見てみると、輸入トウモロコシ価格（CIF価格）は2020年度が22.7円/kg、2021年度が36.8円/kg、2022年度が51.5円/kg、2023年度は１～10月が46.5円/kgと高騰してきている。最近は少し落ち着いてきたとはいえ、2023年度と2020年度の価格と比べると丁度２倍の高値で推移している。

これに対して、飼料用米の価格は相対で決められてきているので公式数字はないが、従来から飼料用米の具体的な取引単価については玄米１kgあたり30円が目安となっている。これは輸入トウモロコシと飼料用米は栄養的な価値はほぼ同じということで配合飼料工場への売り渡し価格は輸入トウモロコシ価格と同程度としてきたためである。

最近の飼料用米の価格については、輸入トウモロコシが高騰していることもあって、従来に比べて２～３割アップして36～39円/kgで取引されているようである。もちろん、相対での価格設定なのでこの価格よりももっと安い場合もあれば高い場合もある。

結果、現時点では飼料用米の価格は輸入トウモロコシよりもかなり安いのが実態である。主原料である飼料穀物価格が約10円/kg低いというのは畜産経営にとっては大変なメリットである。

（3）畜産危機で奪い合いの飼料用米

畜産危機が深刻化するなかにあって、この苦境を打開する切り札となっているのは、国産の自給飼料である。なかでも飼料用米への需要は一挙に高まってきており、「飼料用米がもっと欲しいがどこかにないか」という声が満ちている。

飼料用米の取引は事前契約が条件となっているので、欲しいからといって直ぐに手に入らない。飼料用米の生産者は大規模稲作生産者が多いので、相対で交渉して取引契約を結ぶか、あるいは飼料用米の生産が多いJA（農協）

と交渉して入手するかしかない。

2022年産の飼料用米の生産量は80万tで飼料原料としてはもはや無視できない存在で確固とした位置づけとなっている。すでに畜産を底支えしている飼料用米であるが、2023年産は増産にブレーキがかけられてきたため少し生産が減り約72万tである。その結果、飼料用米の奪い合いは激化してきておりこの傾向は今後もしばらく続きそうである。

それに対して、政府は飼料用米の増産にブレーキをかけており生産を減らす方向であるので現場のニーズとは逆方向である。

（4）飼料用米増産の本来のねらいは畜産への安定供給による経営安定と飼料自給率向上

これまでの農政では飼料用米は重要な戦略作物の一つとして位置づけられ、米政策と畜産政策の狭間にあって最初は生産局畜産部の所管でのスタートであったが、現在は所管局が変わり農産局へ移管となっている。

最初は畜産でのスタートであったことから、飼料用米の各家畜への給与方法や給与畜産物のマーケティングをどうするかを実証試験としてはじめた。

具体的には2008年から日本草地種子協会という農水の畜産関係の団体が中心となり全国49集団のモデル実証としてスタートしたのが、行政的には発端となっている。その後、政策統括官という局が2015年の農水の組織再編に伴い発足したことから、その中の穀物課に移管され飼料用米行政はそこに一元化され飼料用米の生産振興、飼料用米給与畜産物のブランド化、交付金の交付などの業務を担ってきた。しかし、2021年には政策統括官が廃止され新たにできた農産局に移管され現在に至っている。

飼料用米の位置づけの変遷をみてみると、当初は畜産の新しい飼料原料としてスタートしたが、穀物課に移管されてからは米政策の一環として位置づけが変更され、飼料用米は米価の底支えをする機能を果たす米需給の調整弁としての役割を担わされているのが実態である。

すなわち、米需給が緩和して米価が低迷してくると「深掘り」と称して、飼料用米への転換が行政と農業団体が一体となった取り組みで行われ、本来は6月末までの事前契約で生産するのが交付要件であるが、需給不均衡を是正するため作付け後の主食用米を飼料用米へ転換する「誘導」が収穫直前の9月頃まで行われてきた。逆に、米の需給が逼迫し米価が高くなってくると「深掘り」は中断して主食用米の増産へシフトし、飼料用米の作付け面積は減らされてきたのが実情である。

結果的に、畜産への新しい飼料原料の安定供給という当初の最も重要な位置づけはどこかに忘れ去られている。飼料用米の本来のねらいは畜産への飼料原料の安定供給による経営安定と飼料自給率向上にあるはずである。加えて水田を水田として活かして利用することでわが国の農地、とりわけ水田を守り次代へ継承していくことにあったはずである。

(5) 飼料用米は生産目標を達成した優等生

飼料用米の生産は2022年産が史上最高となり80万tを超え、現在の基本計画の生産目標である70万tを超えた。ほとんどの農業政策の目標においては目標未達成が当たり前のなかにあって、珍しく目標達成した優等生である。しかし、これを前向きに評価するどころか手のひらを返したように飼料用米の抑制に舵を切った。

この契機となったのは財務大臣の諮問機関である財政制度等審議会（会長：十倉雅和日本経団連会長、住友化学会長）の建議である。同審議会は、米政策の現状と課題について次の通りに整理して、最終的に建議として公表しており予算編成や制度改正に大きな影響を及ぼしている。

すなわち、水田活用の直接支払交付金における課題については、「主食用米については、食生活の変化や少子高齢化等の影響により中長期的に需要が減少し続けており、需給バランスを調整する観点から、毎年、国が転作助成金である水田活用の直接支払交付金（以下「水活交付金」という。）により主食用米以外の作物への転作を支援する構造となっている。

こうした状況の中、転作作物については、交付金単価等の影響により飼料用米に偏重する傾向や、飼料用米の中でも、単位面積あたりの収量が多い飼料用の専用品種ではなく、主食用米への移行が容易な一般品種（主食用米と同等の品種）の作付に大きく偏っているという実態があった。このため、昨年は、輸入に依存する麦・大豆など需要に応じた生産を進めるとともに、飼料用米の中でも多収性の専用品種の生産を促すことで生産性向上を図るため、令和６年（2024年）産から一般品種の交付金単価を段階的に引き下げる見直し等を決定したところである。

水活交付金については、今後も主食用米の需要が減少し、需給バランスの調整のために必要な転作面積が発生し続ける状況が見込まれる中では、更なる見直しを進めていくことが必要であると考える。水田の畑地化を進めるとともに、引き続き、交付金単価を含め品目ごとの状況を踏まえた見直し等の適正化に取り組んでいくべきである。その際には、年による変動はあるものの、水活交付金等の交付金が受けられることにより、生産者の所得が主食用米に比べて転作作物の方が高くなっているケースがあることにも留意する必要がある。」

※「水田活用の直接支払交付金」は、主食用米の需給バランスを調整するため、水田を活用して主食用米以外の作物（飼料用米、米粉用米、加工用米、麦、大豆、飼料作物等）を生産（転作）した生産者に対し交付金を支払う制度である。

以上は財政当局の財源論を軸とした予算の節減を内容とする建議である。飼料用米についてはすでに2023年度の予算編成の中で、多収性の専用品種の生産を要件とすることを決め、2024年産から一般品種の交付金単価を段階的に引き下げることを決定している。水田の畑地化についても建議で「（水田の）畑地化を進める」と明確に打ち出しており、財政当局主導型で農政が展開されてきていることが裏付けられている。

（6）多収の専用品種の種子増殖が課題

本当に財務省の方針に従って、多収性の専用品種を交付金の要件にするなら各地域の気象条件などに適合した多収品種をきっちりと品種開発し、その種子の増殖と多収栽培技術をセットで現場に普及していく態勢が不可欠であるはずであるが、各自治体や各農業再生協議会の動きは鈍い。多収の専用品種の種子増殖一つをみても、県段階で種子増殖をして普及していくことになっているが、現実には食用米品種優先で取り組んでいることから県段階で多収の飼料用米専用品種の種子増殖を行っているところは極めて少ない。

日本草地種子協会が飼料用イネの種子増殖と販売を行っているが、同協会が行っているのは稲のホールクロップサイレージ（WCS）の飼料用イネの種子であって、飼料用米の種子ではない。このため農業再生協議会では多収の専用品種の種子が確保できないことから多収の専用品種を用いた飼料用米の生産者に対して種子を確保するように呼びかけている。

（7）農研機構は多収の専用品種開発を中断、すでにできた優良品種は宙に浮く

多収性の飼料用米の品種開発は農研機構が軸となって行ってきていたが、現在では多収品種開発そのものの研究がストップとなり中断されている。これまでに飼料用米の新品種として、超多収、脱粒難、高タンパク、病害に強い、除草剤で枯れない多収品種、ウンカ抵抗性品種、高温耐性品種、食用米との識別性がある多収品種などすでに種苗登録済みの飼料用米品種の欠点を克服した新品種がいくつも開発済みであるが、多収品種開発のプロジェクト研究そのものが終了していることから品種登録ができない。このため、有望な新品種は作出できているが世に出せない宙に浮いた状態にある。非常にもったいない話なので、直ぐにでも品種登録して生産現場で栽培試験して、使えるようにするべきである。

食料自給率の向上と食料安全保障を達成するには、さらに多収で優良な品

図10-4　改良オオナリ

高タンパクで多収性の専用品種であるオオナリを脱粒しないようにさらに改良した「改良オオナリ」

種開発を目指し研究を再開すべきである。その際には、飼料用米などの品種開発と合わせて将来の本当の食料危機に備えていざという場合には人間が食べられるよう多収で食味の良い品種も合わせて開発していくべきである。

（8）基本法見直しではスルーされている飼料用米

現在、食料・農業・農村基本法の改正作業は最終段階にあるが、その場においても飼料用米はスルーされているようである。農水省は飼料用米をどうするのかについて記者から質問されると「存在自体を否定はしない」という返答で消極的な姿勢をみせている。

農水省の野村哲郎前農水大臣は2023年９月２日の大臣会見では「農水省は、主食用米が増えてきたときには餌米に回せばいいやとか、そういった安易な考え方が役所自体にもあったと思うんですよ。やっぱりきちっと腹を決めて、飼料用米なら飼料用米、そうでないとやっぱりこれだけトウモロコシ、あるいは輸入飼料代が上がってきていますから。きちっとしたものを日本でできるものは日本で。トウモロコシの代わりに、米を使って。そしてそれを飼料にしていくという、私はそれが筋だと思いますけどね。」という返答で、農水省の飼料用米についての安易な考え方に対して反省の弁とともに日本でできる米を飼料に使っていくことが筋であると正論を述べているが、農水省の組織としてはそうした動きになってないようである。

具体的に見てみると、2023年6月の「食料安定供給・農林水産業基盤強化本部」で決めた「食料・農業・農村政策の新たな展開方向」では、その中に飼料用米の用語は全くない。その後に出された「食料・農業・農村政策の4本柱と今後の展開方向」を見ても「主食用米から転換し、需要に応じた麦・大豆・野菜・飼料・肥料の生産拡大へ構造転換を進める」とし、飼料用米には全く触れていない。好意的に解釈すれば飼料用米は飼料生産拡大の中に含まれているのかも知れないが、具体的な施策として登場するのは子実用トウモロコシの増産である。

（9）飼料用米の位置づけはどこへ行くのか

食料・農業・農村基本法の改正の目玉は食料安全保障の強化で「食料安全保障の状況を平時から評価する新たな仕組みを作り、不測時には政府が一体で実行する体制・制度を構築する」としているが、最大の焦点は食料安全保障体制の法制化の中身である。消費者に対し法的な食料の配給制度や生産者に対してサツマイモなどの作付け指示（命令）などが具体化してくると戦時の統制経済の復活を想起させるものであることから国民が素直に受け入れることはかなり難しいと思われる。

食料安全保障を本当に実現するには、食料の輸入が困難となった場合には最も効果的な方法は、得意とするところを伸ばして、不得手とするところは耐湿性の品種ができるなどのブレーススルーの技術が実現できるまではほどほどにしておくのが政策立案の常道である。常道を外してわが国が不得手とする畑作拡大に転進することは食料安全保障に反することになる。

水田農業はわが国の最も得意とするところである。これまで水田を水田として守るため米の生産調整を50年以上にわたって展開してきたが、そこに投じた国民の税金は積み重ねると10兆円を超えるだろう。無駄な税金投入であるというマスコミの批判にもめげずに、続けてこられたのは国民の水田を守ることが最大の食料安全保障につながるというコンセンサスがあったからであろう。水田に最も適している作物は水稲である。食用米の需要が減退してきているので、作付け転換作物として飼料用米が戦略作物として採択されて順調に拡大してやっと定着してきたところである。しかし、前述してきたように水田そのものを畑地化することに転換し、飼料用米の増産も抑制する方向に舵を切った。

このため、飼料用米の位置づけはこれからどこに行くのか生産者、畜産農家、消費者の皆が懸念しているのが今の状況である。

ここから先は個人的な憶測であるが、一挙に飼料用米の制度を廃止して畑地化や子実用トウモロコシへシフトすることはないであろう。理由はすでに飼料用米の生産はとくに日本の水田農業を支えている大規模稲作生産者の経営の柱となっており、もし止めれば大幅な所得減となり水田農業が崩壊の危機に瀕するからである。となれば、食料安全保障どころではなくなり食料自給率の大幅な低下が予見される。飼料用米の大規模生産者の意見を聴いてみると「飼料用米制度の廃止はないだろう。もし、そんなことをしたら大混乱となる」という声が圧倒的に多い。

子実用トウモロコシが水田に定着するかどうかについての答えも「否」である。北海道の水田地帯で畑作が可能な排水が良い土壌条件（ざる田）のところは可能かも知れないが、都府県の水田土壌は多くが粘土質で下層には硬い耕盤がある。これを壊して畑地化するには大変な労力と費用がかかる。目先の畑地化の交付金に目がくらんで取り組む農家もでてくることが予想されるが、子実用トウモロコシなどの安定多収が得られなくて採算が取れなければ止めてしまうことが予見される。ますます農地は荒れてしまい食料安全保障には結びつかない。

農業生産は工業製品の生産と違い相手は土壌と天候である。計算通りにはいかないのが当たり前で毎年、異常気象に振り舞わされてバクチ的なところがある。いくらスマート農業やGPSで精密農業を実践しても天候にはかなわない。

以上のことを総合的にみると近い将来、今回の政策転換は失敗であることが明らかとなり数年後には飼料用米への揺れ戻しが生ずることが予見される。

(10) 食料安全保障の鍵をにぎるのは水田農業と飼料用米

わが国の農業の根幹は本来、水田農業で、今後ともその位置づけは変わらない。50有余年に及ぶ米の生産調整のなかで、麦、大豆、野菜、果樹、花卉、飼料作物などへの転作が進められ農村景観も様変わりとなってきている。麦、大豆などへの転換ができるところはすでに行っており、定着している。そうしたなかで、水田を水田として利用する飼料用米は稲作生産者のリスク分散作物のひとつとして基本計画の目標を上回るまで拡大してきた。

水田で何をどう作るか。水田の利活用と絡めながら極めて低い飼料自給率を高め、国産の自給飼料をどう生産拡大していくかが、今後の食料安全保障の基本戦略となるべきである。その要に位置するのが飼料用米である。

4．飼料用米は、食料安全保障の要である

消費者の食料に対しての要望は、安全なものが適正な価格で安定供給されることに尽きる。主食用米はその代表格で安定供給され価格は落ち着いており、国民の健康と命を支えてきているものであることから皆が感謝している。食糧危機が喧伝されてもピンとこないのはコメが常に店頭にあり、コンビニでは各種のおにぎりが精米売り場よりも広いスペースで売られており財布の中身がさみしくても何とか空腹は満たせるからである。

他方、稲作の生産現場を支えてきたのは昭和一桁生まれの農業者であったが、すでに90歳を超える年齢に突入してリタイアとご逝去が雪崩となってお

り、全国の山間部だけでなく平場でも田畑が荒れた景観が目に飛び込む状況にある。担い手不足は全国的に顕在化し、数少ない担い手農家に農地が集積され今や100haを超える大規模経営も珍しくなくなっている。

そこにさらに農地を借りてくれ、作業を委託したいという希望が殺到しており、受けきれない状況も生まれてきている。こうした稲作生産現場の苦闘はNHKの報道番組などで伝えられることもあるが、消費者が危機感を共有するまでには至っていない。

日本飼料用米振興協会は、飼料用米を大規模に生産している稲作生産者、飼料用米を使って畜産物を生産している畜産生産者、さらには生協、飼料メーカー、JA、流通業者、研究者などを呼んで、シンポジウムや意見交換会を開き、飼料用米の課題や展望について情報共有に努めている。

その結果、同協会で2023年７月に意見集約してまとめたのが、アピール：「食料安全保障の鍵をにぎるのは水田農業と飼料用米」である。内容は次の通りである。

以下のアピールは枠線で囲む

アピール：「食料安全保障の鍵をにぎるのは水田農業と飼料用米」

政府は食料・農業・農村基本法の見直しで、このほど「中間とりまとめ」を発表し、食料安全保障の強化とともに農業施策の見直しの方向を打ち出した。具体的には「国産への転換が求められる小麦、大豆、加工・業務用野菜、飼料作物等について、水田の畑地化・汎用化を行うなど、総合的な推進を通じて、国内生産の増大を積極的かつ効率的に図っていく。また、米粉用米、業務用米等の加工や外食等において需要の高まりが今後も見込まれる作物についても、生産拡大及びその定着を図っていく」というものである。

この見直し施策のなかでは飼料用米の言葉は一言も触れられず完全にスルーされている。他方で新たに登場したのは「水田の畑地化」である。水田を水田でなくして畑地にするということは、法的には「田」

から「畑」に地目変換する。地形的には水田の畦（あぜ）を撤去し、水田の土壌下部構造である硬盤層は崩し水が貯められないようにする。基盤整備は畑地化に向けて進めるということである。しかし、この施策はこれまでの水系を断つことから水質や昆虫など生態系や環境に与える影響が大きいと考えられる。

水田を畑地化して何を作るかというと子実用トウモロコシがあげられている。しかし、子実用トウモロコシが本当に日本の気候風土に適しているのか疑念を持っている人も多い。

水田の土壌は粘土質であり水はけなどの土壌条件は良くない。とくに畑作物は湿害などで収量は不安定で、果たして自給率向上や食料安全保障につながるのかは疑問である

わが国の農業の根幹は水田農業で、今後ともその位置づけは変わらない。50有余年に及ぶ米の生産調整のなかで、麦、大豆、野菜などへの転作が進められ、すでに定着している。

そうしたなかで、水田を水田として利用する飼料用米は稲作生産者のリスク分散作物のひとつとして定着しており基本計画の目標を上回るまで拡大してきた。

他方でいま、畜産危機で奪いあいとなっているのは飼料用米である。輸入トウモロコシ価格よりも飼料用米の方が安価なのは、畜産経営にとっては大変なメリットだからである。

水田で何をどう作るか。水田の利活用と絡めながら極めて低い飼料自給率を高めていくには、国産の飼料穀物をどう生産拡大していくかが焦点で、今後の食料安全保障の基本戦略となるべきである。その要に位置するのが飼料用米である。

そこで、政策提言として次の３点を提起します。

1）飼料用米を飼料自給率の向上（2030年の飼料自給率目標は９ポイントアップの34％）の柱に位置づけて生産目標を70万tから大幅に引き上げること。

2）飼料用米を食料・農業・農村基本法見直しの中で食糧安全保障の要と位置づけ、増産と安定供給に向けた条件整備を図るため、法制化及び価格形成・保管流通の合理化などを食糧の国家戦略の一環として推進していくこと。

3）飼料用米の多収品種の増殖と供給体制の整備を含め真に生産コストの低減ができるような施策の強化を図ること。

2023年７月

一般社団法人　日本飼料用米振興協会

本アピールを発表することについては農水省から国策に沿っていないので反対であるとの要求が強く出され、農水省との共催で行っている飼料用米多収日本一の表彰式では発表できなかった。表彰式はすでに副大臣の日程や関係者の日程も決まっていたので、表彰式を中止し発表するのは混乱を生ずるので当日に資料から急きょ外して配布したという経緯があった。

当時はそこまで農水省は追い込まれているのかと驚いたが、これまで手をとりあってやってきたのに手のひらを返した農水省の対応であった。

しかし、同協会はこれまでも自弁で活動しこれからも自弁で活動していくので政府からの圧力で困ることはなにもない。

したがって、日本飼料用米振興協会では引き続きこのアピールをベースに飼料用米の戦略的位置づけとして「飼料用米は、食料安全保障の要である」ことを世論に訴えていくこととしている。

注：本稿は2023年７月21日に東京大学弥生講堂（一条ホール）にて開催した「第９回飼料用米普及のためのシンポジウム2023」及び2023年12月５日に東京都中央区の食糧会館で開催した「第９回　コメ政策と飼料用米に関する意見交換会2023」での報告や議論を軸に取りまとめたものである。

〔2023年12月10日記〕

第12章

現場の生産者からの発言

1．13の集落営農組織を再編統合しコミュニティによる持続可能な地域経済社会の実践

徳永　浩二

（1）概要

ネットワーク大津（株）は、平成25年に大津町内の13集落の農業組織を再編し、330ヘクタール規模の大規模集落営農法人として設立した組織である。当社の設立の目的は地域農業の振興と農地の恒久的保全であり、農村コミュニティの再構築を図り、地域農村・農業の維持保全を持続可能にする仕組みを作り上げている。具体的には、①多様な人材を農村の担い手と位置づけ、生涯現役で働く仕組みづくり、②耕畜連携のビジネスモデルの実践、③産学

図12-1-1　集落営農法人　ネットワーク大津（株）の構成と配置

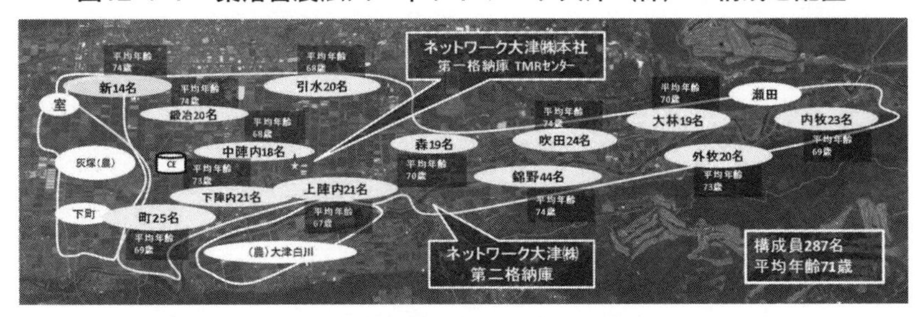

ネットワーク大津（株）は13の集落持株会社と本社から構成されている。
活動範囲：大津町白川沿岸の水田地帯。
令和４年度実績
　経営規模：325.5ha　本社経営規模：14.9ha
　基幹作物：水稲1.0ha　大豆105.3ha　飼料用米97.9ha　WCS 57.9ha　麦234.7ha
　事業内容：農作物の生産・加工・販売。農作業受託。食農教育事業他。

官連携による地域経営、④経営の透明性と説明責任、⑤地下水涵養など環境への取り組み、⑥食育（SDGs）教育活動を行っている。

（2）内容

ネットワーク大津（株）のある熊本県菊池郡大津町は、阿蘇山を源流とする白川の豊かな恵みによって形成された水田地帯にある。白川下流にある熊本市周辺の市町村は、ほぼ全ての水道水を地下水で賄っており、当地域は水稲作物を栽培することによる地下水の涵養に重要な役割を果たしている。しかし、主食用米の需要減少による農家所得の低下と兼業化が進行し、専業農家数の減少で水田農業の担い手の確保が課題としてあった。そうした中、当社は、町内の13集落の農業組織を再編し、大津町と地元農協の出資も加え設立した大規模集落営農法人で米、麦、大豆の作付を行っている。集落営農法人とは、農業生産を集落において共同で取り組む組織で、当社はコミュニティによる持続可能な地域経済社会の実践を目指し取り組みを行っている。

図12-1-2　経営概要

①13 集落持株会と本社から構成。
　集落：新、鍛冶、引水、上陣内、中陣内、下陣内、町、森、吹田、錦野、大林、外牧、内牧
②構成員（出資者）
　287 名（289 名）
③資本金・出資金
　資本金　57,150,000 円（出資金 77,150,000 円）
　　　　　内 JA　5,000,000 円
　　　　　大津町　2,500,000 円
④雇用人数
　オペレーター・補助員登録：　149 名
　社員：　11 名（男性 9 名・女性 2 名）
　　　　　（アドバイザー男性 1 名）

⑤施設	敷地面積㎡	建屋面積㎡
管理棟	1141.91	129.6
会議棟		64.87
第一格納庫	1800.20	432.00
ＴＭＲセンター	2898.70	619.12

1）持続可能な農村社会

大津町の農村地域では水田農業で安定した所得を得る経営体がなく、地域農業・農地を守る担い手が定着せず、農家の兼業化や高齢化により農村をど

のように維持していくかが課題であった。そうした中、集落営農法人により、農村コミュニティを再生し、集落内の農業生産資源を活用し、農村社会を維持していくためには、先に述べた①から⑥の取り組みを農村コミュニティにより実現することが重要であると考える。

①多様な人材を農村の担い手と位置づけ、生涯現役で働く仕組みづくり

専業農家、兼業農家、会社経営・個人事業者、会社をリタイアした方など様々な人材を地域の担い手と考えておりそうした人々を適材適所で、経営所得安定対策で守られている主要農産物の生産を行う農業経営（地域政策型農業経営体）の担い手と位置づけ、日常の農地の肥培管理作業の管理受委託契約を結び、農作業管理委託費及び賃金を払っている。OP及び作業員は平均年齢65歳、農作業管理受委託契約者は平均年齢71歳で、性別に関係なく適材適所に雇用し、生涯現役で仕事ができる場を創造し、誰もが活躍できる持続可能な地域社会を実現している。

②耕畜連携のビジネスモデルの実践

地域特性に応じた作物を各集落に提案し、効率化を図るための作物の団地

図12-1-3　契約者配分所得明細

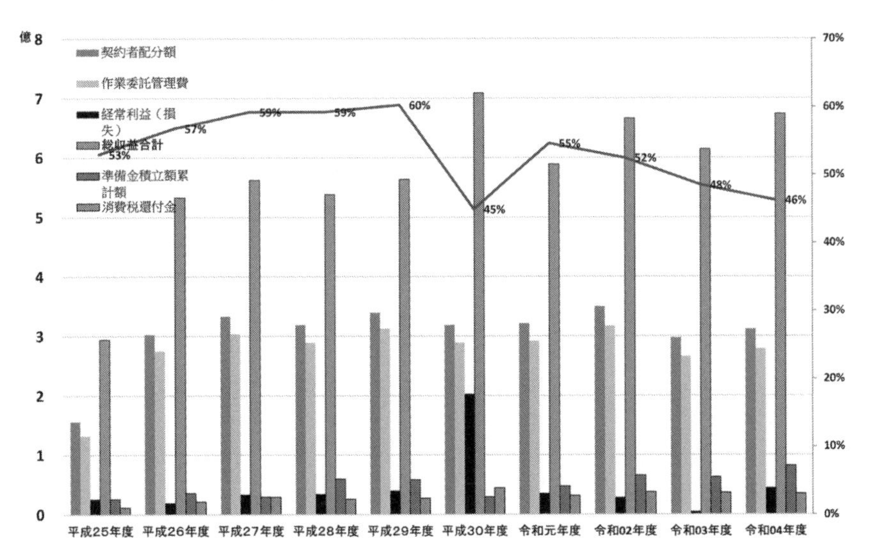

化を推進し、各作物の品代と国の交付金による所得の最大化を図っている。また、麦、大豆の生産に加え、飼料用米（SGS）や稲WCSを生産し地域の未利用資源を活用し安全・安心・安価で自給率の高い肉用牛向けの発酵TMRを製造・販売することで、当社が経営する水田から安定した収益を確保し、作業員への作業委託管理費や農作業賃金を支給している。水田には、地元から生産される堆肥を還元し、稲、麦、大豆を生産するとともに、生産した飼料用米（SGS）や稲WCSは、自社工場において牛のエサである発酵TMR（飼料用稲や地域の未利用資源等を混合し発酵させた飼料）に調製し、地域の酪農家や肉用牛農家へ供給している。このことにより、水田経営所得の安定した収益を確保するとともに他国の食糧や水を奪わない資源循環型の農畜産業が実施できる。このように集落営農法人が自ら生産した飼料作物により発酵TMRを生産、販売する体制は例がなく、全国の集落営農法人の先駆けとなっている。

③産学官連携による地域経営

地場産業である（株）熊本育苗センターは、町内で主にトマト等の苗を栽培していたが、5～6月は苗生産がない時期であった。一方、当社では、麦

図12-1-4　ビジネスモデル―水田を活用した安価な発酵TMR製造

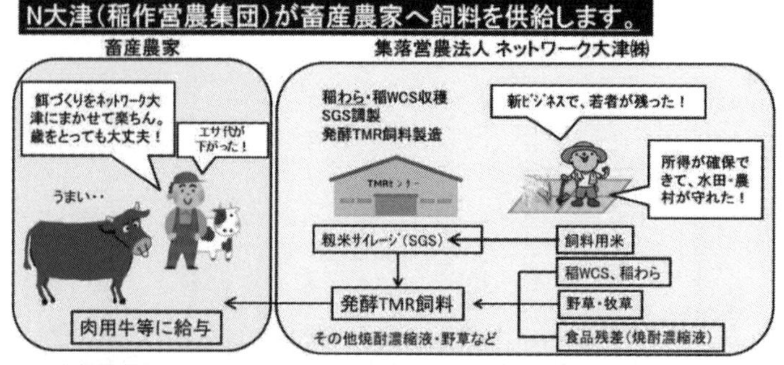

○水田集落営農法人は、主食用米・麦・大豆生産のほか、新たに飼料用米、稲WCS、稲わらを増産し、自ら収穫することにより、安価なTMR飼料を供給します。これにより、稲作農家・畜産農家の高齢化・人で不足にも対応できます。
○畜産農家は、飼料生産をネットワーク大津㈱に委託し、飼料自給率が高い安全・安心・低コストな牛肉を生産して消費者へ提供します。
○また、飼料用米作付により地下水涵養、CO2の削減等の環境負荷軽減に貢献します。

収穫作業、水稲の苗生産や田植えなどに追われる時期である。そうしたことから、水稲育苗を（株）熊本育苗センターに全委託する体制を整えたことにより５～６月の繁忙期における労働の平準化が図られ、お互いウィンウィン（Win-Win）の関係で企業間連携を実現している。また当社は各農家が出資するとともに、行政や農業団体からの出資を受けていることから、社会システム（個人・家族・集落）、政治システム（行政）、経済システム（資本制企業）が連携した地域経営体として地域農地・農業を恒久的に維持保全するシステムを構築している。また、発酵TMRの開発には、熊本県、試験研究機関、機械メーカーとの共同試験を実施するなど、当社と行政、農業団体、民間、試験研究機関等の多様な組織を巻き込んだ取り組みを行っている。

④経営の透明性と説明責任

　定時株主総会のほか、月に１度の定例取締役会、各諮問会議（班会議）の開催、会計事務所による監査の実施や、決算報告書のホームページでの公表等により透明性を高めている。また、広報誌「ねっとわーく広報」を３カ月に１回発行し、構成員に対しガラス張りの情報発信、共有を行っている。こ

図12-1-5　試験研究の始まり

N大津は過去4年間にわたり、熊本県農業研究センター等との研究事業に参加・協力している。

攻めの農林水産業の実現に向けた革新的技術緊急展開事業（H26-27）
→ SGS専用プラント開発、新しい稲WCS調製法、肥育牛前期用TMR飼料開発　他
（研究費　9300万円）

革新的技術開発・緊急展開事業（H28-30）継続中
→ SGS高性能プラント開発、SGSの保管や利用法開発、鳥獣害防止対策
発育ステージに応じたTMR飼料給与体系開発　他　（研究費　1.5億円）

研究関係団体
熊本県農業研究センター
菊池地区農業協同組合
熊本県酪農業協組合連合会
ヤンマーアグリジャパン
ネットワーク大津
東海大学
県内畜産農家　他

SGS-TMRﾌﾟﾗﾝﾄ

肥育牛給与試験

その他、稲WCS調製技術、稲直播・生育把握技術等実施中

れらの情報を基に、各集落組織内での課題について、ボトムアップ方式で当社が取りまとめ課題解決や連携強化を行っている。

⑤地下水涵養など環境への取り組み

熊本市周辺の水道水はほぼ地下水で賄われ、特に熊本市は水道水源すべてを地下水で賄っていることから「日本一の地下水都市」といわれている。その水源は、阿蘇外輪山及び白川の中流域（大津町、菊陽町）での水田からしみ込んだ地下水であり、特に大津町周辺の水田は水が浸透しやすい性質の土であるため、水田で水稲を生産することは地下水を守るために重要になる。当社では、日本人の米の消費が減少する中、飼料用米や稲WCSを積極的に生産する取り組みを行っている。これにより、160ヘクタールの水田に3.5ヶ月間水を張ることで、1,000万トン（年間涵養量）以上の地下水の涵養に大きく貢献している。

⑥食育（SDGs）教育活動

地域の園児・児童を毎年、水田に招き、田植えや稲刈り体験、麦踏フェス

図12-1-6　ネットワーク大津の活動と熊本都市圏の水保全

N大津の活動と熊本都市圏の水保全

熊本市は水道水源すべてを地下水でまかない、「日本一の地下水都市」といわれています。
この豊かで良質な地下水を育むしくみは、世界有数のカルデラ火山・阿蘇と土木の神様・加藤清正が深く関わっています。
加藤清正が熊本に入り、白川中流域に堰や用水路を築いて水田を開きました。白川中流域の水田は通常水田の5倍～10倍も水が浸透するという特徴を持っており、この水田から大量の水が地下に供給されます。
しかし、宅地化や転作により、水田の作付面積は年々減少し続けており、地下水減少の大きな要因となっていることから、地下水を守るために水田、特に水稲を守っていくことが必要です。

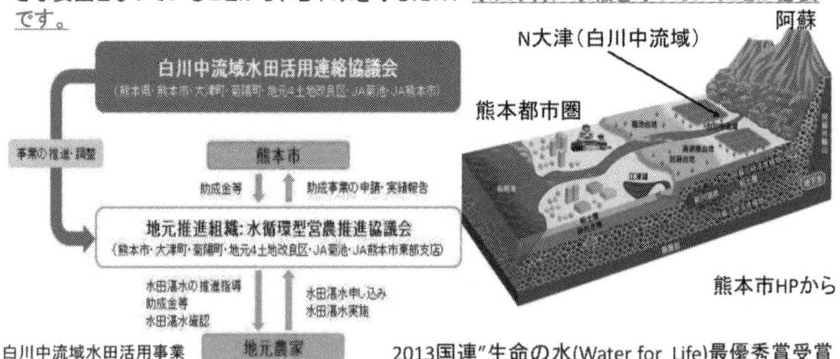

ティバルを10年以上連続開催している。子供たちに農業に接する場を提供し、持続可能な地域農業の担い手組織への理解増進に向けた取り組みを行っている。

2）有事に迅速に対応できるコミュニティネットワークの構築

平成28年4月に発生した熊本地震では大津町でも甚大な被害を受けたが、地震の翌日から情報収集を開始し、13集落の安否確認、農地の地割れや用水路の被害の確認を実施した。また、用水路の被害により稲の作付ができない水田や、農家への被害が発生したため、農作業の実施可否と作業の計画見直し、復旧に向けた行政への情報提供、次年度作付の大幅変更等を行った。このように、当社のコミュニティネットワークにより迅速な対応ができ、地震からの復旧・復興に大きく貢献した。当社は、当地域が抱える課題に向き合い取り組んだ結果、農村・農地の維持、老若男女が働ける場の創造、担い手の確保・育成、未利用資源の活用、地下水等の環境保全といったSDGsで掲げる目標に合致した取り組みとなっている。これらは、全国の農村が抱える課題であり、当社は行政、農業団体、民間企業と連携し、経済と地域社会を連結させ、多様な担い手により持続可能な社会を維持する仕組みを大規模に行っている。農村社会の高齢化、担い手不足や農村・農業の維持は、全国各地の農村が抱える課題であり、そうしたなか当社は、地域に住む全ての人（老若男女）を地域の担い手と位置づけ適材適所で雇用の場を提供し、専業農家、兼業農家、会社経営者・個人事業者、会社勤めの人、会社をリタイアした人など多様な人々が、農村を守る担い手として、農村の維持に携われるシステムを構築している。

当社の設立の目的は、農村コミュニティを守ることであり、その手段として集落営農法人を設立した。具体的には、農村コミュニティの再構築を図りながら、農地・農業の維持保全を行い、地域の老若男女の雇用の場を提供し、地下水の涵養や飼料用稲を中心に地域資源を生かした牛のエサを生産することにより、農村が抱える課題に対し、社会、経済、環境といった側面から総合的に対応している。

（3）活動の今後の展望

農業、農村が直面している課題を解決するには、一時的なイベントや祭などでは目的を達成することはできない。農村社会を持続的に再生産できる社会的な仕組みや組織が必要であり、安心して幸せに生活ができる地域経済活動が集落営農法人である。また、熊本地震を通じ農村コミュニティの大切さと当社のようにいざ有事の時、迅速に対応する組織の必要性を再認識した。農村コミュニティを再構築し、経営所得安定対策で食料自給率目標を前提に国、都道府県及び市町村が策定した「生産数量目標」に即して主要農産物の生産を行うくコミュニティ型農業経営（地域政策型農業経営体）の担い手と儲かる農業を柱とした産業的な農業経営の担い手（産業政策型農業経営体）、会社勤めの担い手、会社経営の担い手（個人事業者）等、様々な人を農村の担い手と位置づけ、多様性に満ちた農村社会のコミュニティシステムを進化させ再構築していく取り組みを継続、発展させていきたい。

〔2023年10月29日　記〕

2．酪農危機を契機として食料安全保障の確立を

井下　英透

（1）私の牛飼い人生

私は1958年に北海道十勝管内豊頃町に生まれ、2023年で65歳となる初老の酪農家である。現在は、成牛900頭、育成牛700頭、耕地面積480haを有する大規模酪農経営である株式会社Jリードの代表取締役に就いている。

1977年に酪農学園大学酪農学科に進学し、安宅一夫教授の家畜栄養学研究室に所属して牛飼いの基本を学んだ。それまでの日本の乳牛飼養管理は、経験や勘がものをいう世界であった。しかし、安宅先生は、飼料計算に基づく飼料給与の重要性、乳量や乳期、分娩前後に応じた飼養管理の方法など、米国の技術情報にいち早く注目していた。先生の理論や精神は、その後の私の酪農経営に大きな影響を与えてきた。

大学卒業後は後継者として直ちに就農した。実家は経産牛10頭足らずの零細兼業農家であったために、40頭規模の牛舎、サイロ、トラクター、牧草収穫機械、乳牛などを買い入れ、営農をスタートした。就農当時はオイルショック直後で物価も制度資金の金利も高く、厳しい経営環境ではあったが、1頭の乳牛からより高い生産性を求める方向を目指した。就農当時は5,000kg以下だった平均乳量は2年で7,000kg、10年目には念願の1万kgを突破した。その後も乳量は増え続け、2002年には国内はもとより、1日2回搾乳としては世界にも例のない1万4,376kgを記録し、借入金も計画を大幅に繰り上げて償還し終えた。

順風満帆の酪農人生と思われたが、2003年9月26日、北海道十勝地方を中心に大被害をもたらした2003年十勝沖地震により、牛舎の床はまっぷたつに割れ、倒壊してしまった。絶好調から一気にどん底へ、もはや廃業をも考えざるを得ない状況にまで追い込まれた。しかし、地元農場が乳牛を1か月半

ほど預かってくれたり、隣町の牧場の空き牛舎を借りるなど、多くの方々に支えられ営農を続けることができた。

その後、地域の若手酪農家３戸と共同法人化に取り組み、2005年４月に法人経営「Jリード」を設立、営農を開始した。720頭フリーストール牛舎、40ポイントロータリーパーラーのほか、60頭のつなぎ牛舎も完備した牧場である。乳牛も買い入れ、順調に生産を開始したものの、同年秋より生乳需給の緩和が深刻化し、年末より減産型生産調整の実施となった。当時、Jリードでは生乳生産量を大きく拡大している最中であった。同じく生産調整が行われた2022年、23年の状況とは異なり、当時は生乳生産量を増やしている大規模経営が少なく、搾れば搾るほど利潤が増えるという市場環境であった。そのため、関係機関のみならず、多くの牧場や仲間からも、Jリードはバッシングの対象となった。年が明けると生産調整はさらに強化せざるを得ず、飼料減による生産抑制、50頭の乳牛淘汰、１か月半にわたる出荷停止による生乳廃棄など地獄の日々が続いた。しかし、連日のマスコミ出演と、札幌・東京での消費拡大イベントを実行しつつ、１日１日を乗り切ることができた。この生産調整は結局、多くの離農といった多大な影響をもたらしつつ、２年間で終了した。その直後の2007年からは飼料をはじめとする生産資材高騰が起き、厳しい生産環境は一向に改善しなかった。資材高騰を受けた乳価値上げには１年半を要し、経営の回復までには長い時間がかかった。

その後もさらなる規模拡大、１日３回搾乳の導入、飼養管理の改善によって出荷乳量は増加したが、その中においてもマイコプラズマによる乳房炎の蔓延、サルモネラ症の発症など多くの問題と闘いながらも、何とか経営を継続することができた。

（2）直近10年間の経営展開

表12-2-1は、Jリードの主要な経営指標の推移である。

Jリードは、この10年間で成牛頭数200頭の増頭を達成してきた。乳代単価（生乳１kg当たり乳代）についても生乳１kg当たり20円ほど値上がりしてい

表 12-2-1　Jリードの経営指標

年	乳量（t）	乳代単価（円/kg）	収入（千円）				経費（千円）		収益（千円）	乳飼比（%）
			小計	うち乳代	うち個体販売	うちその他収入	小計	うち飼料費		
2014	6,701	87.0	731,182	583,297	49,030	98,855	723,392	297,291	7,790	51.0
2015	7,542	92.3	880,764	696,007	76,090	108,667	819,210	331,653	61,554	47.7
2016	7,885	93.7	975,936	738,530	85,546	151,860	856,432	360,418	119,504	48.8
2017	7,752	96.5	979,695	748,186	86,512	144,997	856,543	338,353	123,152	45.2
2018	7,785	98.5	979,706	766,600	78,848	134,258	830,197	323,310	149,509	42.2
2019	8,204	101.4	1,075,584	831,964	77,256	166,364	945,820	342,987	129,764	41.2
2020	8,724	104.6	1,157,427	912,256	68,725	176,446	1,004,227	391,647	153,200	42.9
2021	8,800	101.9	1,187,312	896,782	58,705	231,825	1,081,301	425,004	106,011	47.4
2022	9,011	103.0	1,191,804	928,001	27,190	236,613	1,190,204	523,048	1,600	56.4
2023	9,031	108.7	1,245,753	981,930	24,000	239,823	1,301,125	589,162	▲55,372	60.0

注：1）年は1月から12月まで。
　　2）経費に、償還金及び減価償却費は含んでいない。
　　3）収益＝収入－経費、乳飼比＝飼料費／乳代である。
資料：筆者作成。

るが、これは2023年の乳価値上げが大きく影響している。しかし、2023年の収入と経費の値でわかるように、乳価の引き上げは経費上昇に全く追いついていない。

Jリードは、もともと乳飼比（乳代に対する購入飼料費の比率）が高いことが経営課題であった。良質な粗飼料生産に取り組み、購入飼料価格の見直しなどを通じて、大型法人経営としては一般的な40％程度まで低下し、2020年後半までは概ね順調な経営を行ってきた。だが、2020年後半からはコロナ禍の影響が本格化、そして2022年のロシア・ウクライナ戦争を契機とした資材高騰により、経営は急激に悪化してきている。

経営悪化の要因としては、**表12-2-1**にあるように、経費、とくに飼料費の増加に加え、個体販売収入（子牛・成牛などの牛販売収入）が実に7割減となったことが大きい。その他の収入は加工原料乳補給金や各種の支援金・奨励金などであり、政府による緊急対策の実施もあって大きく増えているが、大幅な収入減少と経費増大を補填するにはほど遠い状況である。経費のうち、この3年で飼料費は5割増となった。他にも燃料、電気、肥料なども大きく値上げされている。今後の国際情勢は非常に判断しにくいが、資材の高値安定、あるいはさらなる値上げが予想されている。とくに農業機械の値上がりは著しい。機械更新は先延ばしをして対応してきたものの、それも限度があるため、購入しようとすると数年前の２倍の価格に上昇している。ある程度の利益と従業員への還元を考えると、生乳１kg当たり150円の乳価が必要と考えている。

（３）酪農危機を受けて自ら脱脂粉乳輸出に取り組む

2020年春から始まったコロナ禍は長期化し、観光業や飲食業と関わりの深い農産物の消費が減り、北海道農業にも深刻な影響を及ぼしてきた。その中でも、外食やお土産の菓子に使われる業務用需要の減少の影響を大きく受けたのが「三白」と呼ばれる、生乳、砂糖、米の３品目であった。牛乳については、処理不可能乳の発生が危惧されたり、脱脂粉乳の在庫が10万tを超え、過去最高の水準となった。

食料自給率38％と言われる日本で、北海道農業を支える農産物が余剰となるのは異常事態である。コロナ禍というイレギュラーな要素はあるにせよ、今ここで生産基盤を損なうことは何としても避けなければならない。Jリードは思いを同じくする仲間たちとともに、北海道の農業生産者を守り、生産基盤を維持することが、国内自給率の拡大、そして人が住み続ける農村の維持につながると考え、ただちに国内のこども食堂や福祉施設などへの牛乳・バター支援を行い、消費拡大の発信を行ってきた。

一方で、海外では連日、政変や紛争、自然災害で困窮する難民がいる。そのため、過剰となっている農産物や脱脂粉乳などを輸出し、これら難民の支援のため活用することを目指した。農林水産省をはじめ多くの関係機関と協議し、現状打破のため、脱脂粉乳を海外援助に仕向けることができないか要請した。しかし、農林水産省は「国の補給金の入っている乳製品は海外援助に利用できない、前例がない」との回答であった。ウクライナやアフガニスタンも検討したが、結局、インドネシアに送ることとなった。アメリカの国際支援組織を通じて、貧困世帯の子どもを支援するNPOであるワールドハーベスト・インドネシアに届け、ジャワ島のバンテン州タンゲランにあるワハナハラパン小中高等学校で脱脂粉乳１tを配布した。これらの学校はNPOが教育を受けることのできない子どもが多く居住する貧困地区に建設した学校である。日本のミルクは美味しいと大好評、残りは小分けにして持ち帰ったとのことである。配布は３つの学校、小学生395人、中学生76人、高校生12人に行われ、今回のプロジェクトは終了した。インドネシアのつらい思いをしている人たちの希望の灯となった。何よりも日本において、値上げの続く厳しい状況だが、農業と食料安全保障のことを今一度考えるきっかけとなってもらいたいと考えている。

（4）日本の酪農と農政を憂う

世界一高いコストをかけて、安い乳価で生乳を生産する日本の酪農家は慈善事業家ではない。そう遠くない時期に日本にも食料危機が訪れると思われる。安い海外の食料を輸入すればよい時は終わった。38％の食料自給率の国はどうすればよいか。食料安全保障が叫ばれる昨今、待ったなしの状況である。食料援助を受ける側になる日も近いのではないか。

よって、乳価を含めて、農産物の大幅な値上げをしなければ、日本の農業は消えてしまう。生乳１kg当たり50円の乳価値上げを行えば酪農家は夢と希望をもって営農に取り組める。従業員にも高い給与を支払うことができる。牛乳が小売価格で１リットル200円、300円になって、そんなにも大きな問題だろうかと問いかけてきた。そんなことをしたら牛乳は売れなくなると反論を受けてきた。だが、今、飲用乳価は20円/kg値上げしたが、小売段階では300円の牛乳になっているのが現状である。多少の消費減があるにはせよ、大きく落ち込んでいるわけではない。それより問題とするべきは、乳価の値上がり分をはるかに超えた流通経費等の値上がりである。その部分のコスト増を価格転嫁することはやむを得ないことであるが、そうであるならば乳価にもさらに経費の値上げ分を織り込むことが必要と考える。

賃上げや経済対策と合わせて、早急な乳価の値上げと価格転嫁が必要である。これは本来、国とメーカーで協議し行うことではあるが、脱脂粉乳等の出口対策（酪農家と乳業メーカー、国が拠出して行われている脱脂粉乳在庫削減対策）も含め、早急に改めていくことを考えなければ、我が国の酪農の灯は消えてしまうだろう。

2020年より乳製品の過剰在庫解消を目的とし、酪農家はこれら出口対策と称する在庫削減対策への拠出金を強いられ、2022年度末までに北海道の酪農家の負担は200億円に達している。そもそも、この在庫削減を、酪農家自らが行わなければならないことなのかという大きな疑問もある。2023年度はさらに生乳１kg当たり3.5円の拠出となって総額で140億円の拠出となった。酪農経営も数年前までは「酪農バブル」と称されていた。バター不足も相まって、酪農家の設備投資を最大で半額助成する畜産クラスター事業などの国の支援もあり、これからと言う時に、飼料・肥料の高騰、さらに燃料、電気料金、各種資材の高騰、さらには昨年夏からの子牛、ここにきての初妊牛・経産牛の大暴落が起き、酪農経営を維持できる状況ではない。

本来であるならば、経費に見合った乳価引き上げが当然、必要となる。都府県では飲用乳価の値上げが、2022年11月、23年８月にそれぞれ10円、合計して20円、一方で北海道では2023年４月に乳製品向けの乳価が10円上がったのみである。都府県では、それぞれの自治体、農協連合会などからの支援もあると聞いている。それで都府県の酪農が厳しいことに変わりはないものの、北海道酪農との差は大きく広がっている。

2022年度の北海道の酪農家の平均的な損失額は１頭当たり10万円と言われており、多くの酪農家が、各金融機関からの借り入れで対応した。2023年は各種支援はあるものの、昨年を超える経営損失になることは確実である。そして、ここにきての猛暑による乳量減と、牛の健康への影響が深刻である。また、猛暑は繁殖成績に大きな影響を与え、８月、９月に受胎した牛はほとんどなく、次年度春の出産は大きく減少して、夏に出産がずれ込み、再び猛暑によるダメージを大きく受けることが予想される。もはや、生産調整のための減産や計画生産どころの話ではなく、大きく生産基盤が失われかねない。

すでに現在の北海道の酪農家に規模拡大の余力はない。過去の生産調整下では、何とか増産したい、増産できればそれなりの収益を生むことができる状況だったが、現状の乳価水準では搾れば搾るほどの赤字が拡大するだけであり、規模拡大する酪農家はいないと思われる。採算の合う乳価にすることが必要だが、今の農協とメーカーの交渉では期待はできないし、消費者への理解を得るにも時が悪すぎる。2021年に値上げしていればこの様な状況にはならずに済んだはずである。こうなった以上は、虫の良い話は百も承知で、国への支援を願うしかない。我が国の食料、農業、酪農を後世に残すためであり、食料安全保障の面からも必要な措置である。

畜産クラスター事業の功罪についても考える必要がある。畜産クラスター事業とは、畜産農家をはじめ、地域の関係事業者が連携・結集し、地域ぐるみで高収益型の畜産を実現するための体制を構築するための事業である。しかし、予期せぬコロナ禍とウクライナ戦争で状況は一変した。事業開始時に行われた事例には軌道に乗った経営体もあると思われるが、その他の多くの事例は厳しい状況下にあることが推察される。もちろん昨今の経営環境が大きく影響していることは言うまでもないが、ややもすると、建設業者、機械業者のための補助事業に結果としてなってしまっているのではないか。現在の建設コストや農業機械価格の高騰は、畜産クラスター事業による高価格化が大きな要因となっていて、円安や資材そのものの高騰による影響を超えているのではないか。これは畜産クラスター事業の負の側面である。また、当初から投資面でかなり無理をしたロボット搾乳法人が作られたとの話も聞く。残念ながら負の側面が多いのかもしれないが、酪農情勢が好転した際には大きな力となるし、そうしていかなければならないので、今後の何らかの形での支援も必要である。

（5）食料安全保障確立に向けた基本法改正を

「北海道にはね、昔、牛がいたんだよ」「そして、その牛からミルクを搾る酪農という仕事があったんだよ」、そんな声が10年後の日本の街角から聞こえてくる。そんなバカなことはないだろうと笑われる方が多いだろうが、50年以上前には多くの炭鉱が北海道にはあり、まさに北海道の経済を支えていた。今は一つの炭鉱もなく、炭鉱地域は大きく荒廃し、とくに夕張では自治体が財政破綻した。もし、北海道から酪農が消えるようなことになったら、Jリードの立地する十勝の海岸地帯や山麓地帯、そして釧路、根室、オホーツク、道北などの酪農が地域の産業の中心となっている地域はどうなるのであろうか。酪農経営ができなくなれば、耕作放棄地が増え、景観は荒廃してしまうだろう。酪農という一つの産業がなくなるだけではなく、他の産業にも大きな影響を与え、地域コミュニティは失われ、地域が崩壊するといっても過言ではない。そして一度無くなってしまったら、もう元には戻らないのである。

世界の人口増加、異常気象に紛争など、今後はますます食料は高騰し、不足することが容易に想像でき、とても輸入に頼れる状況でなくなることは確かである。そのような時に空き地でサツマイモを作るように国が命令をできる、そんな呑気なことを言っているのはわが国だけであろう。今こそ真剣に酪農を含めた日本の農業をどう守るか考える瀬戸際にきている。食料安全保障を確保するために、持続可能な酪農・農業を実現するための基本法改正が求められていると考える。

〔2023年11月30日　記〕

3．日本農業の未来は有機農業にあり

舘野　廣幸

（1）良好な自然環境を活かさなかった日本農業

日本はアジアモンスーン地域の湿潤温暖で四季のある豊かな自然環境に位置している。（近年は亜熱帯化している！）この日本の自然は、豊かな植生を育み、多様な生物が住み、豊富な水と腐植に富んだ土壌を形成している。こうした複雑で豊かな環境が日本農業の基盤であった。しかし、この自然環境を雑草の繁茂、病原菌の蔓延、害虫の多発という一面でのみ捉えた結果が農薬の多用であり、豊かな土壌への不信感が化学肥料への依存になった。農薬や化学肥料の使用は、例え少量であっても精密な土壌環境を破壊する。破壊された土壌は、さらなる農薬と化学肥料を要求する。日本の農業の現状は、こうした麻薬的な状況に侵されていると言っても過言ではない。そして日本の農家（生産者）の多くは、農薬と化学肥料無しには農作物は育たないと信じるに至っている。

しかし、考えて見れば日本における3000年以上の農業の歴史の中で、農薬と化学肥料の使用期間は約100年である。わずか100年で日本の農業は壊滅の危機に陥ってしまった。元来、日本人の生命を営々と支えてきた日本農業は、農薬も化学肥料も無い「有機農業」であった。つまり日本の農業を支えてきたのは、豊かな森林が生み出すミネラル豊富な河川と土壌を覆う雑草に共生する微生物群であった。こうした雑草や虫、菌類を排除する農薬と化学肥料によって現代の農業は一時的に生産量を増大させた。しかし、それは砂上の楼閣であった。しかし、まだ多くの人々は言う、「昔の農業に戻るのか！」と。そうではない、最新の科学的知見と生物多様性システムのネットワーク

は、短絡的で環境負荷の大きい農薬や化学肥料、そして遺伝子操作種子の非生産性をはるかに凌ぐ。その生態系ネットワークに支えられた有機農業（または自然農法）こそ、農業の本質であり人類生存の本道である。

（2）有機農業理念の理解促進

有機農業の理念は、「自然と人間が生かし合いながら暮らせる世界の実現」であり、単なる人間の利益のための有機農業ではないことだけは明確である。こうした理念に反しない限り、自然環境も人も地域も多種多様のように、有機農業へのアプローチも多種多様であると考える。

有機農業の定義は、「化学合成農薬を使わない」「化学肥料を使わない」「遺伝子組換え技術を使わない」農業とされている。このような定義は、禁止条項として多くの農業者に敬遠される要因となっている。しかし、実際に有機農業を実践すると「使わない」「使えない」という禁止条項ではなく、それらを「使う必要がない」農業であることが分かる。有機農業は豊かな生態系を創出することによって、健康な農作物も育つのであるから、有機農業の定義は「多様な生命の働きによって行われる農業」と解釈される方が適切だと思われる。したがって、有機農業の技術とは「多様な生き物を増やす技術」であると言えるであろう。

（3）NPO法人民間稲作研究所における有機稲作技術の開発

NPO法人民間稲作研究所は有機稲作を中心とした主要な農作物の有機的な生産と自然生態系の保全を目的とした団体である。創設者である稲葉光國は、当初「成苗二本植え研究会」を設立し上野長一氏らと共に1990年代から有機稲作に取り組んだ。その後、稲葉は2000年にNPO法人民間稲作研究所を設立し、全国の有機農業生産農家や学識経験者らの会員と共に様々な有機農業技術の開発や指導、政策提言などを行ってきた。

NPO法人民間稲作研究所の有機農業は、「省力・省資源による地域循環型有機農業技術」の開発と普及である。その主たる活動は以下である。

① 種子の温湯処理による病害予防技術
② 稲の薄播き播種による成苗育苗技術
③ 成苗の疎植による太茎大穂栽培の稲作増収技術
④ 太茎疎植稲作による冷害の回避技術
⑤ 深水栽培による水田雑草の抑草技術
⑥ 深水２回代かきによる水田雑草の無除草技術
⑦ 稲の最適葉面積指数の解明
⑧ 稲・麦・大豆の輪作による地域循環型農業の確立
⑨ トキやコウノトリを育む生物多様性農業の技術開発
⑩ 学校給食などへの有機食材の供給体制の確立
⑪ 「みどり戦略」推進の技術指導

これらの有機稲作を中心とした技術開発は、日本の有機農業の発展と普及には欠かせないものであるが、全国各地の地域特性に応じた更なる研究が必要である。

（4）有機農業は小農・小規模経営が適している

私は1992年から30年以上有機農業を実践している専業農家である。就農当初の数年は慣行農業であったが、農薬と化学肥料の使用を止めて自然と共に生きたいと思った。集落の人々は「舘野家はこれで終わりだ」とささやいた。しかしその後、集落の慣行農家が次々と離農し、私の農場が集落のほとんど

自然の気候で行う成苗の育苗

深水代かきとトロトロ層による雑草の抑制

の水田を担い、現在では15haの有機稲作経営農家となった。15ha規模の稲作農家は、日本の一般的稲作経営としては大きくない。全国の有機農業経営農家はさらに小規模である。有機農業は、むしろ小規模経営でこそ真価を発揮できるのであろう。多様な自然環境と小規模生産に適し、消費地に隣接した日本の農業は有機農業に最適な条件を備えているのである。

（5）有機農業の真価は永続性にある

一般的に有機農業は「病害虫を防げない」「雑草だらけになる」「手間がかかる」「収穫量が少ない」と言われる。ところが、農薬という武器を捨てると田畑の生き物たちも心を開いてきた。草たちの生える条件、虫たちの生き方、微生物の働きなどの素晴らしさが分かってきた。農作物も自然の仕組みに沿って育てれば病気にはならない。「害虫」という虫はいない。虫は人間が不自然な栽培を行うことによって害虫化する。雑草の発芽は極めてデリケートであり、作物の生育期間だけ休眠してもらうことができる。また、雑草は自らの体が有機質肥料となって土を豊かにして大地を守る救世主である。微生物たちは空気中から窒素や炭素を取り込み、岩石中のミネラルを溶かして作物の生育を支える有機農業の主役である。こうした自然の生態系と呼ばれる生物の多様な働きを人間が妨害しないようにすれば、余計な手間はいらない。収穫量は徐々に増えてくる。やがて自然が安定する永続的な収穫量に達すれば、それ以上は不要である。むしろ急激な収穫量の増大と分配バランスの不均衡が農業を破壊しているのである。

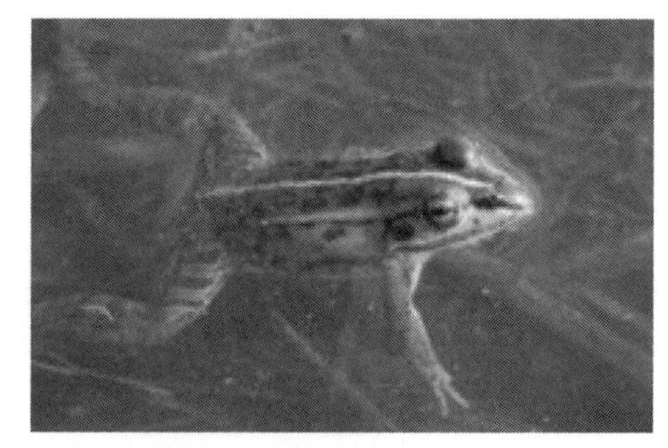
カエルの働きで稲を栽培する

私の農場の名称は「舘野かえる農場」とした。日本の水田に当たり前に生息しているカエルたちが、実は稲作の生産を担う重要な役割を果たしていたからである。もちろん、カエルだけでなく、トンボやクモ類なども水田の病害虫防除に多大な貢献をしている。こうした多くの生物たちに支えられて私の有機稲作経営が成り立っているのである。私の農場管理は、カエルたちの住みやすい環境を整えることを主眼にして行っている。

有機農業の持つこうした自然生態系に沿った農業生産の仕組みを遵守すれば、永続的な農業生産が可能である。

(6)「食料・農業・農村基本法」改正への提言

有機農業を日本の農業の主たる政策とするための基本法を見直して制定するためのささやかな一提言を記した。

基本理念

①農業は生命業である

農業は、生命維持に欠くことのできない食料の生産の主体であることから、単なる経済産業的な活動ではなく、教育、福祉、医療と同等以上の国民の基本的人権である。農業の持つ国民的理解を産業的な視点主体の観点から脱却し、総合的な人間的活動の基本に位置づける。

②農業は文化・芸術的活動である

農業は、食料の生産主体だけでなく、日本および地域の文化・芸術・伝統の継承、維持および創造の基盤である。国は、農業および農村の適正な生産、生活、活動等が維持継続できるよう支援する。

③農業の担い手は全国民である

農業および農村において適正な生産、生活、活動等を行う権利は、全国民が有すべきであり、農業および農村の担い手の適正な生産、生活、活動等の従事への支援は全国民が支援する。

④農業の基礎は自然環境の保全である

農業および農村の適正な生産、生活、活動等による利益は、景観や水資源の確保、国土の保全、生物多様性の確保等全国民が享受することから、すべての国民の支援によって賄われる必要がある。

⑤農業および農村の生産および生活の経済的基盤の確立

農業の多面的な生産活動の基盤が、地域の自然環境と一体であることから、農業および農村の生産主体は多数の小規模経営体の安定的な存続が不可欠である。こうした小農的経営体は、都市との交流と国の支援によって経済基盤を安定させ、世襲だけでなく新規の就農者によってより活性化される。

⑥有機農業の推進と有機農産物の供給

有機農業および自然生態系を保全する農業は、安全な食料生産を担うだけでなく健全な生活環境を提供し、国民の生活基盤に重要な役割を果たすことから、国は全面的に支援する。

有機農業および自然生態系を保全する農業において生産された農産物が、すべての国民に供給し、かつ購入できるような価格支援を行う。

基本的施策

①食料の自給

食料の自給は、自給率の問題ではなく実質的な国民の生命維持に必要な食料と健康な生活維持が重要である。国は、国民の健康な生命維持に必要な食料の国内生産に関する支援を行い、不測の事態に備えて食料の生産基盤である種子および肥料などの資材の自給を行う。

②農業の永続性と食料の安定供給

農業の生産は、極めて長期的な持続的視点と生命の持つ尊厳性および生物の多様性を理解し、維持することが必要である。一時的な生産拡大や利益の追求、あるいは人間の都合だけでは成立しない。農業における食料の生産・分配は、地域の生産と自給消費を整合させることを主として、できるだけ輸出入・移動・廃棄を減少させる施策を行う。

農業生産に必要な種子・種苗、資材、水源等の確保は、国民の食料の安定的確保の観点から国が支援を行う。

③農業の人材および担い手

農業における人材・担い手の確保は、農村地域の住民だけでなく全国民が等しく選択し就労できる環境を確保する。農業は農産物の生産的労働だけでなく、高度な社会的文化的な活動を伴うことから、国は農業および農村の多様な人材の活動に対する経済的支援を行う。

④農地の維持と確保

農地の永続的な維持は、国土の安定的な維持そのものである。したがって、農地の維持確保は農業者個人だけではなく、国は農業者の適正な管理を支援する。

⑤農業の生産基盤

農業の生産基盤と農道・水路・施設は、国土の維持基盤の確保として農業者の適正な管理運営を支援する。

⑥農村の維持と都市の役割

農村は、都市の生活を支える基盤であることから都市と農村の交流の促進と都市からの農村支援を行う施策を講ずる。また、農業および食料の都市生活者への理解促進や防災、食育の観点から、都市に実践的な農業公園や農業体験農園を整備する

⑦自然循環機能の維持増進

国は、農業の自然循環機能の維持増進を図るため、農薬および肥料の使用を低減し、地域の有機資源等の有効利用による地力の維持増進を図る。

行政機関および団体、企業の役割

①行政機関の役割

環境を保全し、地域資源を活用した地産地消の農業を基本とした地域づくりこそ持続可能で安定した社会を形成できる。そのための政策立案、普及、教育、食育活動などを図る。

②企業の役割と制限

すべての企業活動は、自然環境の利用あるいは過去の自然環境の蓄積資源

の利用によって成立していることから、自然環境の維持増進のために支援および負担を行う。

企業における農業参画参入は、経済的な利益に偏重することなく、自然循環機能の維持増進と地域文化や生活を確保できるような賢明な経営を図ることが必須である。

（7）日本の農業再生は国民すべての課題である

2021年には我が国の農水省も有機農業の「みどりの食料システム戦略」を発表し、2022年7月から施行した。今まで農薬と化学肥料の普及を推進してきた農水省が一転して有機農業の推進に転換したのである。しかし農水省は有機農業の栽培技術がない。国の農業予算のほぼ全ては慣行農業の技術開発に使われ、有機農業の研究機関さえない。現代日本の有機農業技術の多くは、在野の有機農家たちが日々の生産活動の中から試行錯誤によって生み出したものである。日本が有機農業への転換において危惧されるのは、慣行栽培を推進してきた経済至上原理を変えずに形だけの有機農業が行われようとしていることである。それは自然の仕組みを理解することなく、ロボットやAI技術に頼るスマート農業の推進や、安易なゲノム編集による遺伝子操作技術の導入が危惧される。こうした輝かしい最先端の技術は、自然の生態的ネットワークを維持する有機農業においては、あくまで補完的な技術であろう。有機農業は生産から消費まですべての国民が主体となって、すべての生命体の平和的な協同作業として行われる農業体系でなければ永続することはできないと考える。すなわち、自然の生命原理に基づく有機的な世界の構築に人類の未来がかかっているのである。

（参考）

舘野かえる農場の経営概要

（栃木県下都賀郡野木町）

1992年より有機農業で栽培

・有機稲作：15ha

・有機小麦：１ha

・有機大豆：１ha

・有機野菜：0.1ha

・有機果樹：0.1ha

・雑木林：　２ha

使用する有機資材：雑草、稲わら、くず大豆、米ぬか、もみ殻堆肥、くず小麦、落ち葉堆肥

〔2023年12月4日　記〕

執筆者紹介（執筆順、所属・肩書は執筆時）

総　論　谷口信和（東京大学名誉教授）

第Ⅰ部　食料安保を担保する基本法の見直しをどうとらえるか

第１章　柴田明夫（(株) 資源・食糧問題研究所　代表）

第２章　安藤光義（東京大学大学院農学生命科学研究科教授）

第３章　石井圭一（東北大学大学院農学研究科教授）

第４章　久保田裕子（日本有機農業研究会副理事長）

第５章　東山　寛（北海道大学大学院農学研究院教授）

第Ⅱ部　国際的な視点からみた基本法見直しの歴史的位置

第６章　磯田宏（九州大学大学院農学研究院教授）

第７章　平澤明彦（農林中金総合研究所理事研究員）

第８章　菅沼圭輔（東京農業大学国際食料情報学部教授）

第Ⅲ部　国民諸階層からみた基本法見直しへの期待

第９章　二村睦子（日本生活協同組合連合会　常務理事）

第10章　普天間朝重（JA沖縄中央会代表理事会長）

第11章　信岡誠治（日本飼料用米振興協会理事）

第12章１　徳永浩二（「集落営農法人」ネットワーク大津株式会社代表取締役社長）

第12章２　井下英透（株式会社Jリード・代表取締役社長）

第12章３　舘野廣幸（NPO法人民間稲作研究所　舘野かえる農場）

日本農業年報69

基本法見直しは日本農業再生の救世主たりうるか

—農政の新たな展開方向をめぐって—

2024年3月4日　第1版第1刷発行

編集代表　谷口 信和
編集担当　安藤 光義
発行者　　鶴見 治彦
発行所　　筑波書房
東京都新宿区神楽坂2－16－5
〒162－0825
電話03（3267）8599
郵便振替00150－3－39715
http://www.tsukuba-shobo.co.jp

定価はカバーに示してあります

印刷／製本　中央精版印刷株式会社

ISBN978-4-8119-0672-0 C3061